图解

図解即戦力
機械学習&ディープラーニングのしくみと技術がこれ1冊
でしっかりわかる教科書

株式会社アイデミー
山口達輝 | 松田洋之 著

机器学习 和
深度学习 入门

[日] 山口达辉　松田洋之　著

张鸿涛　戴凤智　高一婷　译

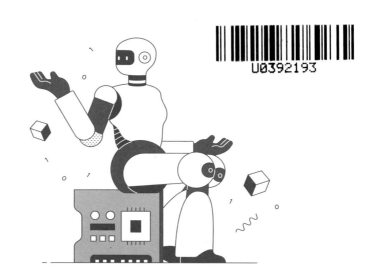

U0392193

化学工业出版社

·北京·

ZUKAI SOKUSENRYOKU KIKAI GAKUSHU & DEEP LEARNING NO SHIKUMI
TO GIJUTSU GA KORE 1SATSU DE SHIKKARI WAKARU KYOKASHO
by Tatsuki Yamaguchi and Hiroyuki Matsuda, Aidemy, Inc.
Copyright © 2019 Tatsuki Yamaguchi, Hiroyuki Matsuda
All rights reserved.
Original Japanese edition published by Gijutsu-Hyoron Co., Ltd., Tokyo
This Simplified Chinese language edition published by arrangement with
Gijutsu-Hyoron Co., Ltd., Tokyo in care of Tuttle-Mori Agency, Inc., Tokyo
through Beijing Kareka Consultation Center, Beijing.

北京市版权局著作权合同登记号：01-2023-2508

图书在版编目（CIP）数据

图解机器学习和深度学习入门/（日）山口达辉，（日）松田
洋之著；张鸿涛，戴凤智，高一婷译. —北京：化学工业出版
社，2023.7（2025.2重印）
ISBN 978-7-122-43339-8

Ⅰ.①图…　Ⅱ.①山…②松…③张…④戴…⑤高…　Ⅲ.①机
器学习-图解　Ⅳ.①TP181-64

中国国家版本馆CIP数据核字（2023）第071037号

责任编辑：宋　辉　于成成　　　　　　　　装帧设计：王晓宇
责任校对：刘　一

出版发行：化学工业出版社（北京市东城区青年湖南街13号　邮政编码100011）
印　　装：天津市银博印刷集团有限公司
710mm×1000mm　1/16　印张14¹/₂　字数213千字　2025年2月北京第1版第5次印刷

购书咨询：010-64518888　　　　　　　　售后服务：010-64518899
网　　址：http://www.cip.com.cn
凡购买本书，如有缺损质量问题，本社销售中心负责调换。

定　　价：68.00元　　　　　　　　　　　　　　版权所有　违者必究

译者的话

相信每个爱看好莱坞大片的读者都会有一个机器人梦，我也不例外，而近几年兴起的人工智能技术则让人类对机器可以产生智慧这件事的信心提高到了空前的水平。虽然热度很高，但人工智能领域所需要的数学基础和算法知识让大多数想要进入这个领域的人望而却步，为此大量讲授机器学习知识和技巧的书籍以及自媒体应运而生。这些文章的作者普遍都已经有了相当深厚的知识积累，有的甚至在行业内享有极高声誉，他们讲授的知识都是正确且先进的。可是想要进入这个领域的读者往往没有相当好的数学基础，有的读者还是初高中在读生，大量的先导知识让读者往往需要大量查阅其他资料才能有所领悟。

为了能够让更多读者一览人工智能的美妙，译者选中了这本书，选中这本书的原因就是它的"简单"，这本书没有那么多高深的理论，而是用简单的语言介绍了很多行家们觉得理所应当而新手们云里雾里的知识，甚至能让学过理论知识但是没有实践的人读完之后产生"原来机器学习是这个样子呀"的感觉。这本书里没有大量生涩的公式，也没有令人望而生畏的论文，有的只是一幅幅生动的示意图，通过图解的方式让读者将人工智能的知识理解透彻。

本书的翻译过程让译者也学到了很多，由于译者水平有限，不妥之处在所难免，敬请各位读者批评指正。

译 者

前言

　　"人工智能""机器学习""深度学习"这些词汇近年来迅速占领各大媒体。最近公开的经济产业省的估算指出，2030年日本的AI工程师将会有12万人的缺口。在时代的洪流下，即使没有人工智能专业基础的人也对机器学习的应用有着需求。

　　近几年，各种基于机器学习的程序库和不需要编程的机器学习服务逐渐普及，即使不是专家，只要准备好数据，也能实现一些需求。但是在不知道机器学习算法的内部发生什么的情况下，盲目地将其应用在商务等重要场合是极度危险的。一般情况下，AI工程师从入门到精通需要搜罗学习大量的网络文章和专门书籍，而这些文章和书籍大都预设了"你已经有了一定的基础"的立场，因此就少了很多的前提说明，让读者难以理解机器学习的主旨。而专业书籍中的数学公式又太多，想要成为AI工程师的人从此入手的难度又太高。

　　本书就是填补这一空白的作品。为此，本书不会为了大量列举公式而牺牲必要的讲解，对于AI工程师必须理解的东西，本书会用图示的方式循序渐进地介绍给大家。希望能有更多的读者通过本书发现机器学习的有趣之处和可能性，因此而踏入机器学习的世界。

山口达辉

目录 Contents

第1章

人工智能的基础知识

第2章

机器学习的基础知识

第**3**章

机器学习的过程和核心技术

第**4**章

机器学习算法

第5章

深度学习的基础知识

第6章

深度学习的流程和核心技术

第7章

深度学习算法

第**8**章
系统开发和开发环境

第1章

人工智能的基础知识

　　无论是机器学习还是深度学习，都是为了发展人工智能而创造出来的手段。因此，如果想要理解这两门学科，首先要理解人工智能。本章将会介绍人工智能的定义，让读者在了解机器学习和深度学习两种方法能够做到什么的同时，巩固相关基础知识。

01 人工智能是什么

人工智能首次出现在人们的视野中，是在1956年的达特茅斯学会上，这个会议主要讨论利用计算机来进行智能信息处理的一些方案。半个多世纪过去了，我们对人工智能的定义是否发生了变化呢？

● 定义不明确的人工智能

人工智能（Artificial Intelligence）的定义，并没有那么简单。

首先是"人工"这个词中，存在着一个人类和机器之间的划分界限问题；其次，我们还会关注，什么样的水平才算"智能"。回答这两个问题是为人工智能下定义的重要前提，脱离这两个问题，为人工智能下定义将毫无意义。

事实上，对于如何给人工智能下定义这个问题，就连一线研究人员也没有能够给出一个统一的回答。

所以，我们权且将人工智能定义为"能像人类一样进行智慧行为的技术或者机器"，再根据不同的领域另行定义各种专门用语。

■ 人工智能的定义

人类和机器的区别是什么？　　　　　智能是什么？
生命和机械的区别是什么？　　　　　拥有了什么才能够被称为智能呢？

拥有和人类一样的智能处理能力的技术或者机械？

● 人工智能的分类方法

虽然对人工智能进行定义非常困难，但是对其进行分类并没有那么困难。

第一种分类是由著名哲学家约翰·塞尔提出的"强人工智能"和"弱人工智能"，这种分类方法着眼于对人工智能认知状态进行定义。

强人工智能是一种可以模仿人类智慧，拥有像人类一样的认知状态的机器。例如漫画中的哆啦A梦和铁臂阿童木等角色。在拥有了压倒性的计算能力后，机器超越了人类，拥有了个性，这种情况就属于强人工智能。

弱人工智能是只能模仿人类的行为，替代人类一部分能力的机器。可以理解为将棋（将棋是日本的一种棋类游戏。译者注）或者黑白棋中的电脑玩家，或者是后文中将会讲到的图像识别之类的技术。这些人工智能虽然有着看似智能的行为，但是它们自身并没有认识到自己行为的含义和个体存在。

■ 强人工智能和弱人工智能

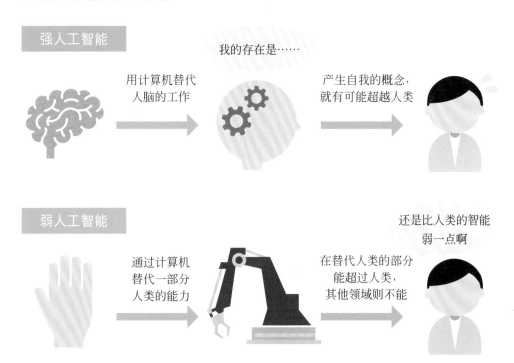

强人工智能

我的存在是……

用计算机替代人脑的工作

产生自我的概念，就有可能超越人类

弱人工智能

还是比人类的智能弱一点啊

通过计算机替代一部分人类的能力

在替代人类的部分能超过人类，其他领域则不能

第二种通用型人工智能和专用型人工智能的分类方法则着眼于人工智能的专攻领域。

通用型人工智能正如其名称一样，应用范围十分广泛，可以应对设计时没有考虑到的状况。而专用型人工智能则只会应对特有领域内的状况。

现在已经投入使用的人工智能，基本都是专攻特定工作的专用型人工智能。iRobot 的伦巴机器人就是典型的专用扫除机器人。如果能够开发出一种既能够做扫除，又能够做饭甚至可以带孩子的全能助手机器人，那就可以将其分类为通用型人工智能了。

这种分类，并不关注机器的智能性本身，而是关注人工智能的分担领域，这就和强弱人工智能的分类方法有区别了。但是分类的结果并没有出现非常大的出入。

■ 专攻"家务"的通用型人工智能和专用型人工智能

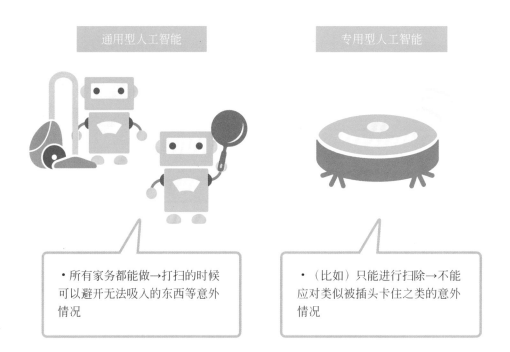

| 通用型人工智能 | 专用型人工智能 |

· 所有家务都能做→打扫的时候可以避开无法吸入的东西等意外情况

· （比如）只能进行扫除→不能应对类似被插头卡住之类的意外情况

第三种是以"人工智能的发展阶段"为着眼点进行的分类。最低的阶段是单纯通过程序进行控制，这门科学被称为控制工程或者系统工程，但是由于家电市场的营销需要，这种低级的控制也被称为人工智能。第二个级别则是古典的人工智能，输入和输出的组合非常多，也能回答更加困难的问题，但是不能回答自己知识储备之外的问题。

更高级的人工智能则是引入了本书中讲到的机器学习这一方法的人工智能了。它可以使用搜索引擎，可以根据数据和法则自己学习知识。目前最高级的人工智能是使用了深度学习技术的人工智能。机器学习必须要有表现出数据特征的"特征量"的导出方法才能进行学习，而深度学习则可以自主读取特征量进行学习。机器学习和深度学习都会在后文中详细介绍。

■ 4 个发展阶段

Lv.1 控制程序　20世纪90年代流行的"模糊神经洗衣机"

Lv.2 古典AI　将破解谜题和迷宫的程序或者诊断程序等的输入与输出进行妥善对应。

Lv.3 机器学习　利用机器学习，将新的输入和输出对应起来自己学习

Lv.4 深度学习　不借助人类的手提取特征量，从而提高识别能力

总结

▷ 对人工智能本身的定义很难，可以通过不同用途来分类。

02 机器学习（ML）

机器学习是人工智能的分支之一，是一种旨在高效准确地用计算机进行学习的理论。只要使用得当，其可以对输入数据进行预测和优化，在很多领域中都有应用。

○ 人工智能的钥匙——机器学习

想要拥有比计算机还高的认知能力，就必须要能够自主决定处理事件的基准，这个基准被称为参数。以人类照片为例，人工智能想要判断是小孩子还是成年人，需要以身高为依据，此时身高就是参数。机器学习以输入数据为依据，自主学习最正确的参数。

曾经的机器学习主要是以死记硬背为主，遇到没有见过的数据则无法求解。随着近些年来信息技术的发展，大数据技术可以用非常低的成本得到并且存储大量的数据。大数据技术给了人工智能试错的空间，这就让人工智能对未知数据给出解答成为了可能。不过当今时代中，机器学习也并不是一定要利用大数据。

■ 不同于生搬硬套的机器学习

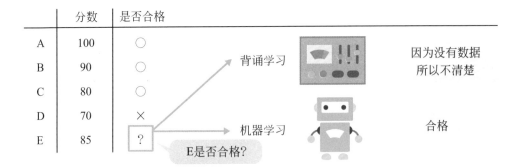

	分数	是否合格
A	100	○
B	90	○
C	80	○
D	70	×
E	85	?

背诵学习　因为没有数据所以不清楚

机器学习　合格

E是否合格？

◎ 机器学习的流程

　　机器学习的过程中，计算机可以利用输入数据，通过学习模型计算结果。学习模型是一种可以将输入的数据转化为更好的决策类输出、类似于人工智能的电子大脑。

　　机器学习的第一步，是将预期的输出数据（标签、教师信号）和学习模型计算的结果进行比较，对学习模型进行修正。在不断修正的过程中，形成最完善的学习模型并进行保存，最终完成学习过程。学习模型被简称为"模型"。

　　了解以上内容后，我们来尝试对手写数字进行分类。我们需要准备大量的手写数字（0～9）的图像数据，这些图像数据需要有对应的正确数字。最初可能会得到完全不正确的输出结果，比如输入是0而输出是1。但这个结果会与正确答案进行对比，随着不断地修正，输出值会逐渐接近正确答案。此时学习模型就是完成形态了，再得到输入值，则可以输出正确的图像识别结果了。

■ 机器学习识别图像的过程

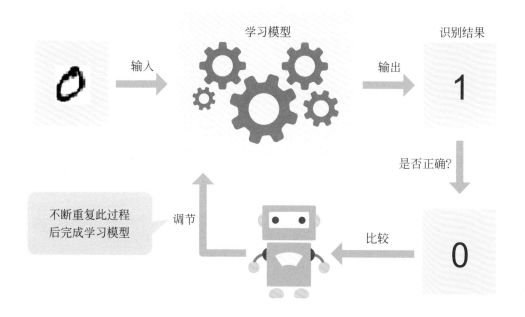

⊙ 机器学习关注的问题（分类和回归）

机器学习的问题大致分为分类和回归两种。首先，分类的目的是对数据的类别进行划分，划分的最终结果仅仅是将数据分为若干大组，组内数据的细节区别则被选择性忽视了；另一方面，回归的主要目的则是观察数据的倾向性，其原理与分类正好相反，是将输入的数据作为同一个组，然后观察组内数据的区别。

如果把分类和回归看作在图上画线，则分类的目的就是尽可能将数据分成两类，而回归则要尽可能和多的数据重合。这是一种比较直观但粗略的理解方式，目的是为了让读者尽快建立直观思维。

■ 分类和回归

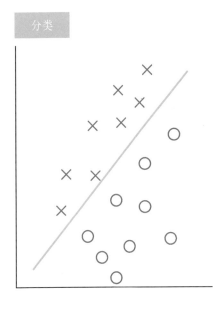
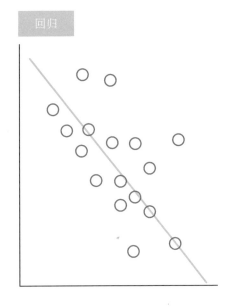

下面是具体的案例。地图上 A 店和 B 店是一个连锁小卖店的两间店面。然后，我们在地图上任意找一些点，假设每个点上都有一个家庭，调查"这些家庭会去两个小卖店购物的可能性。我们首先来进行一下分类。

在分类时，我们根据这些家庭使用两个小卖部的可能性，将其分为A店派家庭和B店派家庭。基本上每个家庭都是选择距离自家比较近的超市作为购物地点。为了将数据分类，尝试在地图上画线，这条线应该尽可能地将A店派和B店派分离。参考画出来的线，即使是没有经过调查的家庭也能很快确定是A店派还是B店派了。

接下来是回归。回归讨论的是各个家庭对A店和B店的使用率。通过在地图上直接绘制如下右图所示的趋势线可以看出，离家近的店的使用率更高。回归是画一条反应趋势的线。本例中就是将A店B店连线，将A店一侧定义为A100%，B店一侧定义为A0（B=100%）。

■ 以小卖店为例的分类和回归

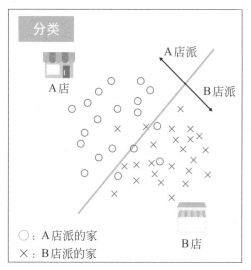
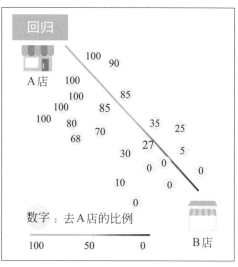

 总结

▷机器学习的关注问题主要分为分类和回归两种。

03 深度学习（DL）是什么

深度学习也是机器学习的方法之一，但这种方法中不需要为了增加模型学习正确率而人为加工数据，反而是学习模型自己提取"特征量"进行学习，这是深度学习相对于其他方法的一个很大的不同。

◎ 擅长认知的深度学习

虽然在第2节中没有提到，但是传统的机器学习有很大的缺点，那就是不能直接输入手中的数据，为了让模型能够快速地学习，必须事先由人工加工数据。这里的加工是指用数学方法算出表示特征强弱的数值（特征量）。如果是手写文字的识别，需要考虑到图像中"线的弯曲情况""字的轮廓""线的连接方法"，如果是声音识别，考虑到"声音的高度""声音的大小"等方面就容易识别了。

但是，计算模型容易学习的特征量是非常困难的。因为即使使用公式将其转化为数值，模型也不一定能用这个特征进行有效判别。很久以前的机器翻译和汽车导航的语音识别效果不好，就是因为使用了这样的传统型的机器学习方法。

在这种情况下，作为划时代的技术而兴起的是深度学习。深度学习是指使用模仿大脑神经回路的、被称为神经网络学习模型的机器学习方法，因为输入层和输出层之间的"隐藏层"非常之"深"，故而得名。隐藏层是指具有"将从输入层接收到的信息通过各种组合后传出，将信息变形为对输出层有用的形式"的作用的层。

深度学习的划时代性，是来源于自动提取最适合的特征量这一特点。2011年，以语音识别领域实现了大幅超过以往机器学习的精度为契机，2012年的图像分类竞赛ILSVRC（IMAGENET Large Scale Visual Recognition Challenge）中的各种模型也实现了大幅度的性能改善。另外，在2015年，使用深度学习开发的图像识别程序达到了足以匹敌人类的5%误识率，其性能发展走上了快车道。

■ 特征量的判别非常困难

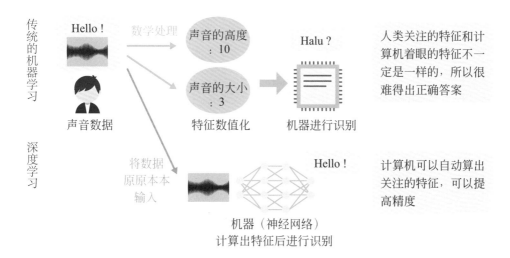

■ ILSVRC-2012 中的图像分类模型的比较

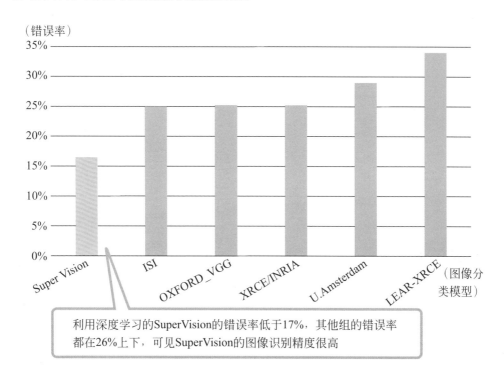

◉ 谷歌的猫和神经网络

深度学习被大众所广泛熟悉的契机是一项名叫"谷歌的猫"的研究。在这项研究中，研究人员从外国视频网站YouTube上随机获取了约1000万张猫和人类的图像，再将这些图像剪切成为200像素×200像素的小图像用于训练数据。

经过3天的深度学习，得到了对猫和人的脸图像有着区分能力的一个神经网络。研究人员觉得如果继续推进这个研究的话，也许有一天能够让计算机也具有像婴儿认识事物、学习语言一样这种有机物级别的能力。

■ 计算机是如何认出一只猫的

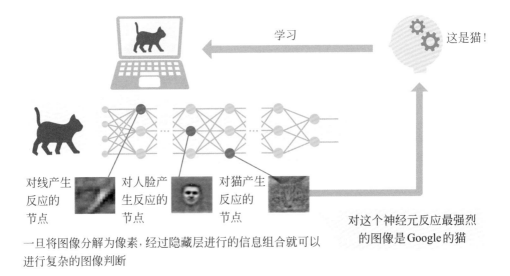

学习

这是猫！

对线产生反应的节点　对人脸产生反应的节点　对猫产生反应的节点

对这个神经元反应最强烈的图像是Google的猫

一旦将图像分解为像素，经过隐藏层进行的信息组合就可以进行复杂的图像判断

✏ **总结**

▸ 深度学习可以自动计算特征值的功能是具有划时代意义的。

▸ 在图像识别领域人类已经被超越了。

符号主义与连接主义

在首次提出人工智能这一概念的达特茅斯会议上，产生了符号主义和连接主义两种对立观点。符号主义的观点是人类思考的对象都可以符号化（物理符号系统假说），通过逻辑性地操作，该符号可以再现智能。与此相反，连接主义则是通过物理仿生人脑的结构来再现智能的坚定拥护者。

在人工智能的初期研究中，符号主义占据优势，但在不断深入研究的过程中，人们发现计算机很难将语言和它所表达的实际含义联系起来。也就是说，即使在电脑上输入了"苹果是红色的""苹果是甜的"等知识，也不可能让计算机理解"红色的""甜的"具体指向的实际体验感觉。这叫做符号化问题。

另一方面，在人工智能发展初期处于劣势的连接主义后来又是怎样发展的呢？本书以后章节中详细介绍的深度学习，是通过使用神经网络而实现的技术，但是在模仿脑神经工作方式这一点上，也可以说是从连接主义的观点出发的。近年来的研究中，通过使用一种被称为单词分散表现的技术，可以进行类似于"国王"−"男人"＋"女人"＝"女王"这种概念之间的运算。但是，要让计算机理解单词本身意思这件事可能还需要很长时间。

04 人工智能和机器学习的普及之路

在这里，通过更深入地了解人工智能这一技术，我们将学习该技术与机器学习之间的关联性。已经成为大众词汇的这两个词，在历史中各自扮演着什么样的角色呢？

◎ 已经不是新鲜词汇了？

正如到现在为止所了解的那样，机器学习是人工智能开发中非常有用的技术之一，而深度学习则是使用了一种非常"有深度"的、名为神经网络的机器学习技术。

人工智能相关的技术，随着生活中各类软件和硬件的普及，已经不再被大众认定为"人工智能"了，以"人工智能""机器学习""深度学习"为关键词的谷歌趋势图表显示了这一点。虽然"人工智能"这个关键词的人气一度大大提高，但是随着这个技术的普及，它的人气也有些下降了。代替人类视觉、听觉或者语言等人类功能的一部分，即所谓"弱人工智能"的存在，本身就有着融入日常生活中，低存在感设计的特点，所以作为一个词汇，受关注度逐渐下降可以说是某种必然。

■ 谷歌趋势的走势（2004 年～ ）

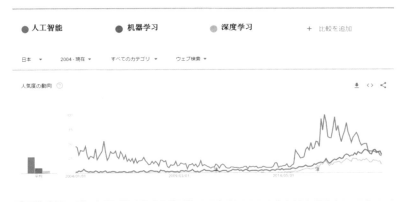

第一次人工智能热潮

让我们回顾一下历史，探索两者是如何发展起来的。

人工智能成为热潮是在20世纪50年代到60年代，电脑始祖的通用计算机登场，将信息通过数字手段符号化，可以仿真人脑的功能。这个时期，成为主要研究对象的是黑白棋、围棋、象棋等运用狭窄规则的游戏，通过逻辑、推理和探索，找到有效通关这些游戏的方法。游戏中的人工智能会通过探索好几步来找到对自己有利的落子点。因为探索越多，可选择的落子方案的组合就会爆炸性地增加，所以要求在有限的计算时间内进行最大限度的"思索"。结果，为了进行高效探索，使用经验法等方法进行探索，人工智能在封闭的世界利用逻辑、推理、搜索的能力获得了一定的发展。但是，仅仅通过这样的逻辑、推理、探索，并不能仿真"能解决现实复杂问题的"大脑的作用。就这样，最初的人工智能热潮走向了终结。

■ 第一次人工智能热潮

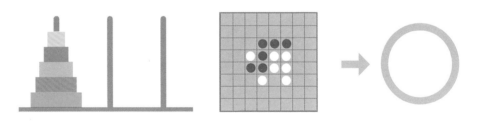

虽然可以解决游戏问题……

但是规则和概念都没有明确规定的现实问题则不可相提并论

宠物是什么？
照顾的话具体要
做些什么呢？

现实的
复杂问题

◉ 第二次人工智能热潮

在20世纪80年代的第二次人工智能热潮中，研究人员普遍认为如果能够操作庞大知识库，就能获得像人类一样的知识，因此知识的输入受到了重视。著名的案例就是专家系统，专家系统根据预先输入的专家知识和反映当前状况的数据导出推理结果。在医疗领域中，专家系统可以了解患者的症状，根据有关疾病的知识判断患者可能患有什么疾病，像一名医生一样。但是电脑本身没有常识，也没有自己获得知识的能力，所以需要人类大量地灌输专家知识。与此同时，灌输大量的知识，需要计算的组合就会爆炸性地增长，这就成为了阻碍专家系统发展的主要原因。

■ 第二次人工智能热潮

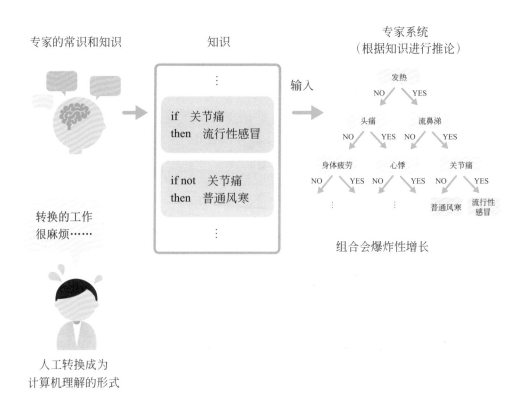

专家系统的知识输入很麻烦

◎ 第三次人工智能热潮

第二次人工智能热潮结束后，被称为软计算的、以模仿生命灵活性为主的计算方法备受瞩目。神经网络、模糊理论、遗传算法、强化学习等就是其中的代表性例子。同时，应用统计学的机器学习（回归分析等）的方法也在稳步持续地发展。从严格的逻辑到模糊灵活的理论的转换，已经为当代人工智能热潮播下了新的种子。

并且，以机器学习和深度学习为主要技术的第三次人工智能热潮已经从2010年中期开始了。这股热潮的背景是大数据技术的积淀，以及大规模分布式计算和云计算的发展。在此之前的人工智能热潮中，为了制作人工智能，研究者需要把计算机和数据放在身边，但是现在，从数据保存到计算结果输出的处理过程可以在谷歌、亚马逊、微软等提供的云端进行。任何人都可以在任何地方进行处理，这是人工智能普及的重要契机。

■ 第三次人工智能热潮

总结

▷当代人工智能已经经历了三次热潮。

"芝麻信用"是什么

在使用人工智能的技术中，最先进的措施是被称为芝麻信用的中国信用评价系统。芝麻信用是由运营移动支付服务"支付宝"的蚂蚁金融集团（蚂蚁金服）开发的。每个人的信用评分，根据互联网上的各种消费和行动数据以及金融机关的借贷数据，使用逻辑回归、决定树、随机森林等手段（这些方法在以后的章节中会讲到）计算出来。这样计算出的信用评分可以从行为能力、人脉关系、信用历史、履约能力、身份特质5个角度对个人进行评价，计算出350～950的综合评分。

芝麻信用评分高的话，在很多地方就可以免押金使用共享物品。比如下雨没带伞的时候，可以在附近的超市或者酒店借伞。另外，在紧急需要智能手机移动电池的情况下，芝麻信用高的人使用共享电池不需要押金（预存金额）。另外，只有芝麻信用高的使用者才不需要在租自行车、租汽车、租住宅、租酒店时付押金，可以省略麻烦的手续，还可以选择便宜的手机通信服务套餐。

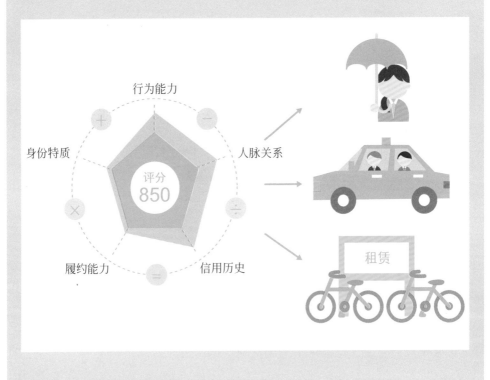

机器学习的基础知识

在这一章中，我们将学习发展人工智能之路上不可或缺的机器学习，了解机器学习中有什么样的技术，在什么样的领域使用。明确机器学习能做什么不能做什么，知晓机器学习的功能和用途，也会帮助我们理解之后学习的算法。

05 有教师学习的机制

有教师学习，作为机器学习的一种，实际功能与其名字含义相近，读者理解起来应该不会很困难。正如其名字所说，人类通过给机器提供数据标签的操作执行教师的职责，达到向机器教授范本的目的。

◎ 有教师学习是什么

有教师学习（supervised learning，可直译为有监督学习）是一种让模型学习包含正确答案数据的方法。这里所说的模型可以认为是相当于人工智能的大脑，另外正确答案称为标签，包含答案的数据称为带标签数据（或训练数据）。虽然有教师学习在模型的学习过程中使用了带标签的数据，不过，学习的最终目标是使不带标签的数据（测试数据）正确。第2节中机器学习的例子就是有教师学习。

举个例子，一般考虑通过有教师学习来解决狗的图像和猫的图像的分类问题。在每一个狗和猫的图像上，预先贴上狗或猫的标签，模型通过观察图像和标签的对应关系，学习哪个图像是狗哪个图像是猫。最终，即使没有狗和猫的标签，只要看了图像就能做出判断，这就是我们所期待的成功了。

■ 特征量的制作方法

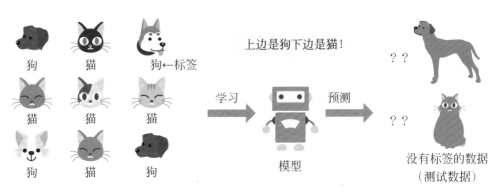

⦿ 分类和回归

有教师学习可以分为分类和回归两种类型，分类有时也被称为"识别"。第2节解释了分类是"为了尽可能地分开整个数据而画线"，回归是"为了尽可能地重叠整个数据而画线"。在此，以"所预测的值（回答）是多少"的思路来解说分类和回归的差异。

首先，由于分类的特点，其所能够给出的是诸如"狗/猫""小学生/中学生/高中生/大学生"这样的类似目录一样的答案。这里所说的目录满足：① 不是连续的数值（即离散值），② 顺序和大小没有一定的规则。有时候答案乍一看是一组很连续的数值，但如果该数值是一种类别（离散值）的话，那也是分类识别。例如，猜中手写的一位数表示什么是分类问题，在这种情况下，答案既可以是0/1/2/3/4/5，也可以是6/7/8/9，而0.5或2.1这样的答案就没有意义。另外，在识别图像的时候，只对识别结果的数字是否正确感兴趣，不会考虑到大小关系，因此可以将答案视为类别。

另外，回归则是预测连续数值（连续值）的情况。考虑一下股价的预测问题，即使答案是12345.6日元这样的不正常的值也可以理解，因此，股价预测问题被归类为回归。

■ 分类和回归

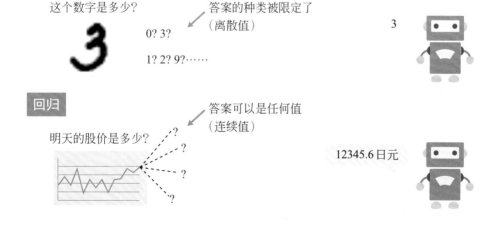

分类

这个数字是多少？

3

0? 3?

1? 2? 9?……

答案的种类被限定了
（离散值）

3

回归

明天的股价是多少？

答案可以是任何值
（连续值）

12345.6日元

◎ 有教师学习可以降低误差

正如开头所述，有教师学习的最终目标是正确判断没有标签的测试数据。为了做到这一点，首先必须使用有标签的训练数据让模型能够正确地做出回答，换句话说，我们必须减少模型输出的预测值与标签值之间的误差。在实际的机器学习中，通过使这些误差接近0来增加正确预测的数据数量。另外，分类中经常使用交叉熵误差，而回归中经常使用均方误差。

■ 有教师学习可以降低误差

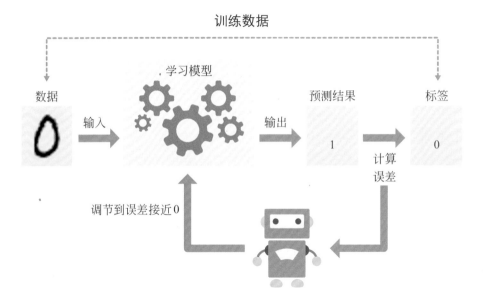

📝 总结

▷ 有教师学习，是利用教师数据进行学习的方法。

▷ 有教师学习的最终目标是正确预测测试数据。

▷ 有教师学习分为分类和回归。

COLUMN 提升工程师技能不可缺少的网站Kaggle

Kaggle是一个聚集了全球约40万数据科学家和AI工程师的社区。特别值得注意的是，这里有一项比赛，研究人员对企业和政府的课题提出自己认为最适合的模型，被挑选出的最优秀模型的制作者会获得奖金。竞赛采用有教师的学习，参加者可以下载数据包，一场比赛的时间跨度为3～6个月，因为举办者会实时更新名次，所以非常激发参赛人员的热情。

此外，在Kaggle社区中，在浏览器上运行名为"kernel"的代码，可以分享比赛的数据解析结果。另外，论坛还准备了名为"discussion"的讨论场所，因此，即使不在比赛中提出自己的模型也能在那里得到不少知识。

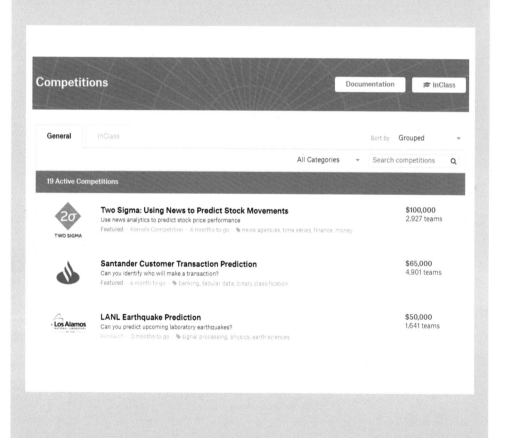

2

机器学习的基础知识

023

06 无教师学习的机制

无教师学习是一种通过算法分析和提取数据的结构和规律来进行机器学习的方法。与有教师学习不同，无教师学习具有一个特征，那就是不需要人类教授正确答案就可以进行学习。

● 无教师学习可以捕捉数据的特点

无教师学习（unsupervised learning，可直译为无监督学习）是一种利用算法自动提取给定数据的本质结构和规律的机器学习算法。在有教师的学习中，人充当教师，如果是分类任务就教授数据的类别名，如果是回归任务就教授具体的数值作为答案数据，以学习数据集的形式传送学习算法。从需要给出正确答案数据也可以看出，有教师的学习目标是"对未知数据做出正确的回答"。

■ 无教师学习和有教师学习的区别

? 中应该填入65！

有监督训练　　　　　　　　　　　　　　正确数据

英	数	国	理	社	合格学校的偏差值
80	60	70	65	75	60
90	80	75	70	80	?
⋮	⋮	⋮	⋮	⋮	⋮

好像应该分为文科和理科2种！

无监督训练　　　　　　　　　　　　没有正确数据

英	数	国	理	社	
80	60	70	65	75	
90	80	75	70	80	
⋮	⋮	⋮	⋮	⋮	

与此相对，本节所讲述的无教师学习，则不需要准备正确答案数据，只需要给算法提供学习数据。无教师学习的目标是"捕捉数据的特征"。

人在看一些东西的时候，会有意识地根据所看到东西各自的特征来进行"区别"。例如，当你看到如图所示摆放在一起的蔬菜和水果时，即使不知道名字，也不会漠然地发愣。可能会试试用颜色区分来看，亦或者用形状区分，总之会考虑怎么样分组才能很好地说明看到的这张图片吧。而且，只有通过用颜色来区分蔬菜和水果，才能总结出"这里有6种颜色的蔬菜和水果"。无教师的学习就是以通过算法再现这个人类的"捕捉特征"能力为目标。

■ 区别蔬菜和水果

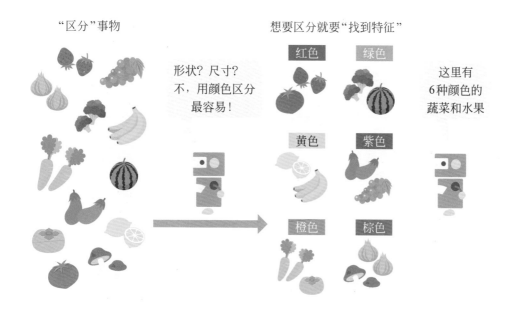

◉ 无教师学习可以实现"聚类"

无教师学习能实现的任务中最具有代表性的案例是"聚类"。聚类是将数据中特征相似的数据按组（聚类）分开的工作。从前文所举案例来看，聚类是指考虑从哪个角度来观察蔬菜和水果才能很好地将其分开。聚类所使用的方法大致分为"分层聚类"和"非分层聚类"两种。分层聚类是一种将特征相似的聚类逐个合并，然后重复进行聚类，直到最终成为一个大聚类。与此相对，非分层聚类是指首先设定聚类数（下图中为3个），然后进行聚类，以使该聚类数能够最优地分开数据的方法。另外，本书在第31节中介绍了非阶层聚类的代表性算法"k平均（k-means）法"。

■ 分层聚类和非分层聚类

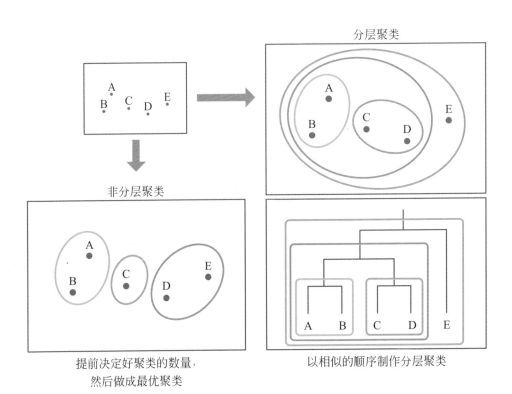

在无教师的学习中，聚类之后代表性的任务就是"维度削减"。维度削减是一项任务，它只从数据中提取重要信息，将不太重要的信息直接删去。这里的维是数据项目的数量。例如，一名中学生的相关数据，如果有英语、数学、

● 无教师学习可以实现"降维"

语文、理科、社会成绩这5个项目的话，就是5维的数据。

维度削减的一种表现是数据可视化。为了直观地理解多维数据，我们必须将数据的维度降到人类易于观察的三维以下，然后数据就变得可视化。例如，假设收集了很多中学生5科成绩的数据，此时，如果做一个横轴为"数学的分数"，纵轴为"语文的分数"的二维图表，可以从图表的形状推测该数据由"文科"和"理科"两个大类构成。但是，作为纵轴最合适的可能是"英语和语文的总分"或"英语：语文：社会以2：2：1的比例加和的分数"。在无教师学习的情况下进行维度削减，就可以寻求容易理解数据特征的轴，从而进行有效的数据可视化。关于维度削减，在第32节中有更详细的讲述。

■ 降维

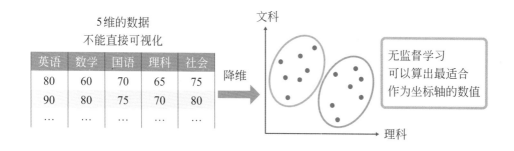

✏️ **总结**

▷ 无教师学习的最终目标是提取数据特征。

▷ 无教师学习可以做到"聚类"和"降维"。

07 强化学习的机制

强化学习是指从与给定环境的互动中，为了最大化算法的学习成果反复进行试错，以达到最佳的一种学习方式。与有教师学习还是无教师学习有着不同的问题设定。

◉ 强化学习是什么

强化学习，是一种像婴儿试图自己站起来走路一样，即使不给正确答案，经过反复尝试，也可以达到最佳行动的方法。有教师学习有明确的正确答案，但是强化学习没有。取而代之的是，学习行为本身有很多的收获作为报酬，高报酬吸引着机器做出行动。无教师学习也没有正确答案，但是和强化学习的性质完全不同，前者学习数据本身的特征，后者学习最适合的行动。

■ 强化学习的原理

强化学习的定义如前文所述。下边以黑白棋为例介绍强化学习中经常使用的术语，请读者牢记。

状态（state）	放置棋子的位置被称为棋子的状态
行动（action）	在空格上放置棋子的动作
代理人（agent）	类似于黑白棋玩家一样的行动主体被称为代理人
报酬（reward）	开始行动而获得的结果被称为报酬。在黑白棋中就是放置棋子，将对方的棋子吃掉的情况
策略（policy）	"什么情况下采取什么样的行动"，类似这样想法的状态和行动的组合被称为策略
收益（return）	未来能获得多少报酬
Q 值（Q-value）	评估"某种情况下，这个行为能有多好呢"，并以此来表示行动的价值。不止考虑眼前的利益，还考虑了未来的报酬
V 值（V-value）	评估"这种情况下，这个行为能有多好呢"，并以此来表示行动的价值。不止考虑眼前的利益，还考虑了未来的报酬
剧本（episode）	一局黑白棋过程中，从开始行动到行动结束所发生的一连串的行动叫做剧本

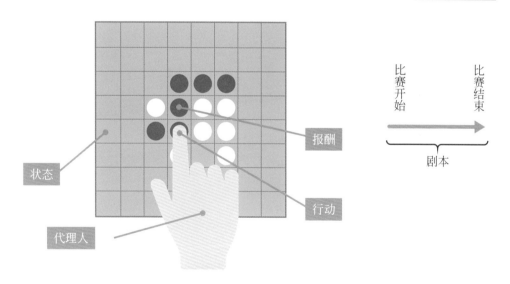

总结

▷ 强化学习旨在更多获得报酬。

08 统计和机器学习的区别

统计和机器学习一样，存在于各种需要处理很多数据的领域。虽然两者在理论上有很多共同的部分，但由于在实际应用中的思考方法不同，很难划清两个概念之间的界限。下面从作为"工具"的角度，归纳两者的区别。

世界上有各种各样的数据，包括某个城市的气温、企业的股价，也包括个人一年的体重增减。对于这些数据，统计告诉我们"他们为什么会是这样"；另一方面，机器学习会告诉我们"今后数据将如何变化"。不过，严格来说这二者之间很难划清界线，我们所说的归纳区别说到底是为了容易理解而人为营造的不同印象，这点请注意。

在此基础上，为了进一步加深对统计的理解，以身高分布（身高的偏差）为例来介绍。文部科学省的官网主页每年都会公布在学校体检中收集的已经入学的学生的身高信息，其中之一的17岁（高中3年级）的身高数据用直方图（柱状图）表示，如下图所示。

■ 把身高数据利用柱状图表示

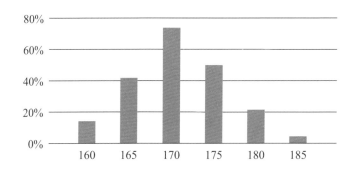

平均170.6cm、标准方差（数据偏差的大小）5.87cm的正态分布

参考：《学校健康统计调查　学校健康统计调查-结果概述（2018年）》

如果此时我们提出"说明日本高中3年级学生的身高"的要求，那么电脑磨磨蹭蹭地回答到"160cm的人是14%……"，提问者感觉怎么样呢。可能会觉得不仅浪费了大量时间，而且没有得到想要的正确结果。在这种情况下，用统计模型来说明的话，就可以做到简洁准确地传达。

这里不作详细说明，不过包括上面提到的身高的分布在内，自然界的很多数值的分布（偏差）可以适用于一种名为"正态分布"的统计学模型。正态分布的特征是，发生概率在平均值附近最高，越远离平均值发生概率越低，平均值曲线形状左右对称。在关于学生身高的说明中，如果使用正态分布的模型，就可以说"是平均170.6cm，标准偏差（数据偏差的大小）为5.87cm的正态分布"。像这样，统计学也可以用现在的模型很好地转换到"数据说明"的领域。

另一方面，机器学习是以"预测数据"为焦点的领域。我们再引用一次身高的例子，当我们提出"请推测2050年日本高中3年级的平均身高"的时候，没有人能马上想到可以推测平均身高变化的模型吧。在这种情况下，可以将身高变化的数据作为输入，利用第5节应用的回归法进行推测。

■ 机器学习可以预测数据

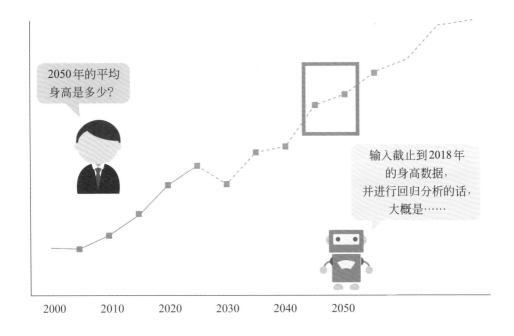

◉ 区分使用统计学和机器学习

关于统计和机器学习的区分使用，本节将进行更详细的说明。

使用统计的时候，对于收集到的数据，需要好好研究是否符合正态分布模型。

政策方针的决定就是一个活用统计学的领域。在决策时，将人类行为产生的现象应用于模型是一种十分有利的根据。与其说是十分有利，不如说所有的政策决定都是建立在这个根据上的。

如果有"为什么会有这样的推测，想知道理由"的疑问的话，利用统计就可以解决了。

■ 如果用来推测的根据很重要，就使用统计

案例：政策决定

  政策方针的决定过程中涉及多个因素，如果只是单纯反复讨论的话，会遇到"为什么会得出这样的结论"这类非常不直观的问题，这时就可以使用统计方法。

可以规避"根据年长者的意见得来的"
这种不合理性

与此相对，在机器学习中，首先将收集到的数据放入某个模型中进行学习，以验证其推测的性能。然后根据验证的结果来研究模型是否有足够的性能，或者说实际使用时是否会发生问题等。如果判断有问题的话，则改变模型进行验证，如此循环，最后留用得到满意结果的模型。

让我们找一个比较适合机器学习的领域，比如商店经营之类的吧。在经营中，预测"今天什么东西会大卖"是非常重要的。换句话说，像统计工作者一样，了解"今天这个商品卖得好是什么原因"其实并不是很重要，在这种情况下，可以使用性能足以验证"今天什么容易卖"的机器学习来推测模型。

■ 如果比起原因更倾向于结果的话就使用机器学习吧

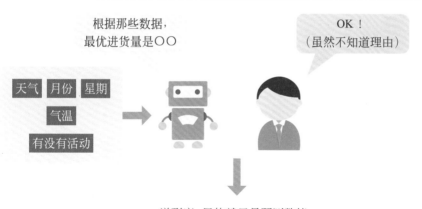

案例：销售量预测

　　根据一些数据来进行高精度预测的时候可以使用机器学习。

根据那些数据，
最优进货量是〇〇

OK！
（虽然不知道理由）

天气　月份　星期
气温
有没有活动

说到底，目的就只是预测数值，
所以不重视理由

总结

▷"对数据进行说明"就是统计。
▷"对数据进行预测"就是机器学习。

09 机器学习和特征量

Chapter 2

在这一节内容中，我们将进一步深入挖掘机器学习究竟是一个什么样的概念，计算机拥有智能到底是什么意思。同时，也谈一谈机器学习的一个非常重要的概念——特征量。

计算机拥有智能

所谓的计算机具有智能，也可以说是它能够"区分"事物。比如今天冰激凌是销售火爆还是经营惨淡、这个物体是苹果还是其他什么东西、某项事业是盈利还是亏损。

正如在第4节中学到的那样，人工智能通过探索模式和知识的积累来实现"区分"的功能，但由于实际问题中模式数量过多等问题，两者都无法顺利发挥预期作用。

作为新型人工智能，机器学习为了拥有这种"区分"的能力，采用了区别于"演绎性思考"的方式，转而通过"统计性思考"这一新方法来实现智能。这里的演绎性思考是指从"A是B"这样的根据来进行思考，而统计性思考是指从"A是B的概率很高"这样的根据来进行思考。

■ 演绎思维和统计思维

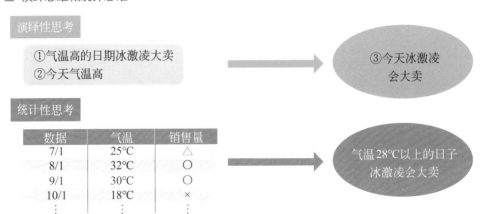

统计思维如果没有足以完成统计处理的数据量，则统计本身不能成立。自古以来就有关于统计方法的研究，而为什么现在机器学习才风靡一时，这是因为计算机技术和互联网的普及，使得大量的数据积累和处理这些数据的计算资源变得唾手可得。

机器学习这种通过统计思维的方法获得了高度智能的人工智能，也还是有弱点的，那就是机器学习获取数据的方法。

在辨别东西的时候，人类会通过外观、味道、触感等方面得到的信息来进行区分。与此相对，机器学习则用水果的颜色浓淡和重量、气味成分的量等名为"特征量"的数值获取信息。决定这个特征量是人类的工作，这叫做特征量设计，其实这个特征量的决定方法会导致算法的性能有很大的变化。例如，决定苹果和梨的特征量，"红色"和"甜味"等似乎不错，但"圆形"和"表面光滑"则由于特征量差别较小而无法明确区分。

■ 好的特征量案例

	鲜红度	甘甜度	圆度	平滑度
苹果1	0.90	0.60	0.91	0.1
苹果2	0.95	0.55	0.92	0.2
苹果3	0.92	0.59	0.89	0.1
梨子1	0.21	0.80	0.88	0.2
梨子2	0.17	0.90	0.90	0.1
梨子3	0.20	0.95	0.95	0.2

特征量的差别很大　　　　特征量的差别很小

↓　　　　　　　　　　↓

好的特征量　　　　　不是好的特征量

○ 特征量的瓶颈

上文的例子其实属于比较容易考虑特征量的问题，现实中人类很难想象特征量的问题有很多。如果只是为了学习本身，输入一个不太离谱的特征量学习也能进行，不过为了提高算法的性能，那么"放入怎样的特征量"这件事就重要了，并且算法设计者自身必须考虑这个问题，这一点就成为了机器学习进步的瓶颈。

深度学习被认为是划时代发明的原因就在这里。在特征量设计时，根据数据来判断应该将什么作为特征量，深度学习算法本身可以自主决定。这大大动摇了模式探索、知识积累、特征量设计等数据输入方法常识的地位。

关于深度学习处理数据的模式，将在第34节进行详细说明。在现阶段，推测性能提高的道路上还残留着特征量这个无法回避的瓶颈，请记住深度学习可以成为解决这个问题的线索。

■ "把什么定为特征量呢？"这个问题人类非常难以解决

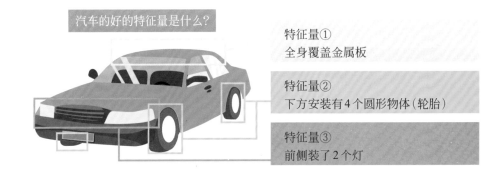

汽车的好的特征量是什么？

特征量①
全身覆盖金属板

特征量②
下方安装有4个圆形物体（轮胎）

特征量③
前侧装了2个灯

另外，随着对象不同，特征量也随之变化

下图回顾总结了至今人类为了实现人工智能而进行的试错和为了研究特征量而经历的困难。

■ 机器学习的历史

模式探索

- 数据量小，只能输入有限信息
- 推论都可以编写为程序，仅能解决非常简单的问题

1952年~

专家系统

- 使用YES/NO的形式，网罗专家模式
- 随着模式的多样化，逐渐暴露出极限

1974年~

机器学习   预测

- 从数据中提取特征量后大量读取
- 特征量的设计很困难

1990年~

深度学习

- 自动从数据中提取特征量
- 输入的常识有可能改变

现在

✏ **总结**

▷ 人类设定特征值非常困难。

▷ 深度学习可能解决特征值设定这个困难。

2

机器学习的基础知识

10 擅长的领域和不擅长的领域

机器学习也有擅长的领域和不擅长的领域。在研究中是否应该导入人工智能，或者考虑"被人工智能代替的职业"这样的事的时候，知道机器学习的长处与短处是有益的。

◉ 人工智能的擅长领域和不擅长领域

要想知道人工智能擅长和不擅长，有四个值得注意的要点：① 过去是否存在数据，② 是否有足够多的数据，③ 数据是否定量而非定性，④ 是否可以不知道推论的过程。下图为这四个要点一览图，让我们依次理解这几点的含义吧。

■ 需要注意的问题

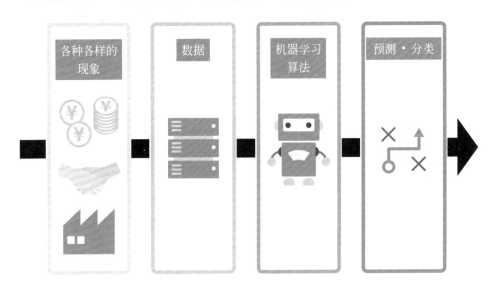

① 过去是否存在数据

正如已经确认的那样，机器学习是一种通过学习过去的数据而对未知数据进行分类和预测的算法。因此，对于过去没有发生过的事情和没有数据积累的东西，机器学习既不能分类也不能预测。

举个具体的例子，在某个企业已经存在数据的"当前状况的效率化和改善"中，机器学习可以充分发挥能力。但是，对于"开展新事业时的销售额预测"等问题，由于没有作为学习数据的"开展新事业时的销售额记录"，机器学习就很难派上用场。

■ 有储存数据的时候，就可以很好地预测

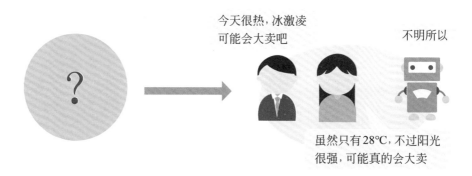

② 数据是否充足

在机器学习中，仅仅是"有"数据是不够的。也就是说，在这种情况下，"是不是足够"这一点很重要。

数据数量是否足够取决于应用问题的难度和现存数据集的质量。特别是在图像数据分类等输入数据较大的情况下，各个类别（分类对象）的数据达到数千至数万单位才能被称为足够。

近年来，如果想要互联网上的信息，则可以比较容易地确保大量的数据，另外例如游戏这类可以重复试错的问题也容易保证数据数量，这些都可以说是机器学习的擅长领域。

另一方面，在并不能实现数据实时获取的领域，以及小概率事件频发的领域，数据量少就成为机器学习的瓶颈。

■ 是否能够简单高效地获得大量数据

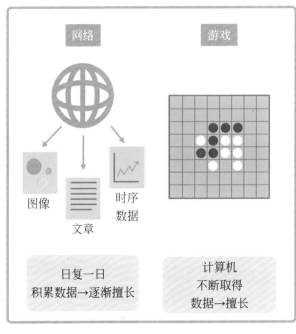

③ 数据是否定量而非定性

一般来说，机器学习所使用的输入输出数据必须用数值表示。因此，对不能用数值表示的定性数据（与性质相关的数据）应用机器学习时，必须将其转换为定量数据。例如，在将机器学习应用于"提高某项服务的顾客满意度"这一课题时，有必要将输出从"提高顾客满意度"这一定性表现改为"顾客满意度问卷的数值在××分以上"这样的定量表达。因此，要解决"想从顾客数据中决定今后工作的方向性"等定性且很难转换为定量的数据的课题，机器学习的优势就乏善可陈了。

■ 反馈的量化

定性数据

商品A的报告
使用方便，
但是外形不佳，
而且重量过大，需要改良

量化数据

使用简单	8/10
外形	2/10
重量	3/10

④ 不知道推论的过程也可以吗

这一点与第9节所述重点不谋而合。机器学习是一种自动优化（学习）的模型算法，使输入学习数据时的输出值接近正确答案。也就是说，它不一定像人类的思考那样依靠推论，更多的情况是看了那个过程也不知道为什么得到这个结果。因此，如果通过机器学习诊断疾病，可能会得出"你很有可能是这个病。但是不知道根据"的结论。如果现实中是这样的话，当然很难让患者接受。像这种需要根据重要推理的领域，仅通过机器学习很难得出结论。但是近年来，为了应对这个问题，学者们进行了将机器学习的推理依据可视化的研究，这在今后可能有大用处。

总结

▷ 关注数据量和推理的用途进行判断。

11 应用机器学习的案例

到目前为止，我们通过各种各样的观点学习了机器学习的相关知识。在这一章的最后，我们来看看机器学习现在是如何被应用的。

● 机器学习在交通方面的应用

机器学习的应用事例，首先可以举出自动驾驶。据说一个人一天平均开车时间长达一个小时，可见自动驾驶将能带给我们相当大的好处。

自动驾驶主要由3个要素构成，分别是通过相机和传感器获取周边信息数据的"认知"、根据数据决定下一个动作的"判断"和执行预定动作的"操作"。操作通常由动力和转向系统完成。机器学习需要的这3个要素各自都有长足的发展，在自动驾驶领域技术领先的德国奥迪、梅赛德斯奔驰，美国特斯拉等企业都在2020年初提出了实现自动驾驶水平4（限定区域内的完全自动驾驶）的目标。

■ 自动驾驶中应用的机器学习

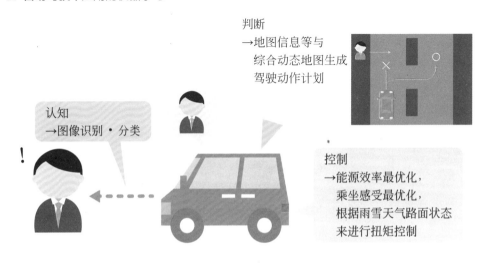

判断
→地图信息等与
综合动态地图生成
驾驶动作计划

认知
→图像识别·分类

控制
→能源效率最优化，
乘坐感受最优化，
根据雨雪天气路面状态
来进行扭矩控制

◉ 机器学习在交通管理方面的应用

在交通管理领域，机器学习的作用也很大。根据道路上的车流量传感器收集到的数据，机器学习系统可以计算使各种车辆到目的地为止的移动时间和怠速等待时间最优的交通流，随时优化信号灯的切换时机，缓和交通堵塞。在美国匹兹堡市进行的实验中，该系统使移动时间最大减少了25%，怠速等待时间减少了40%以上。

■ 在交通管理领域应用的机器学习

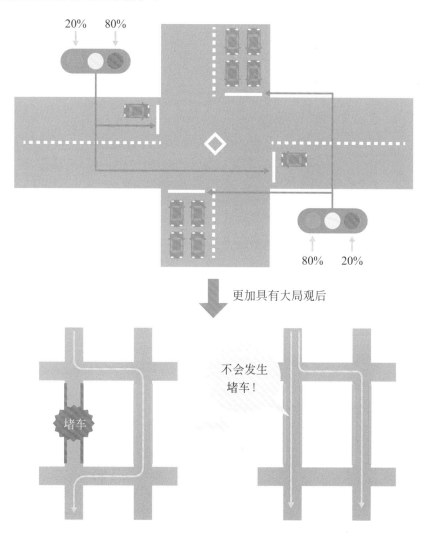

更加具有大局观后

都市规模的交通效率最优化

◎ 机器学习在金融方面的应用

因为金融行业处理的商品基本都是无形商品，所以是在比较早的阶段就出现IT化的领域，理所应当地与机器学习的亲和性也很高，机器学习已经被应用在各种各样的场合。

其中之一是实时交易。现在，据说金融商品的实时交易90%以上是利用系统执行的。在系统中输入过去价格图表的推移、交易员使用的技术指标等进行学习，根据这个学习结果可预测今后的价格推移，从而在最合适的时机进行买卖。另外，近年来，研究人员以与股票相关的新闻和SNS（social network service，社交网络服务）的动向等大数据为输入，探索进一步提高预测精度的方法。

■ 金融领域中的大数据

	形式	数据
结构化数据	数据表格	经济指标 企业业绩·财务状况 市场信息
非结构化数据	文字 声音 图像	经济报告 企业业绩·财务状况报告 新闻 SNS

◎ 机器学习在投资活动方面的应用

　　资产投资也利用了机器学习，有代表性的是决定怎样用有限的资产以哪一种比例购买并持有多种多样的金融商品（投资组合）。

　　Kensho公司的"Warren"可以从世界各地发生的事件和各种品牌的价格数据库中，瞬间计算出哪个事件对哪个品牌的价格起作用等相关关系。因此，如果有人询问"原油价格下跌×%对某种商品的影响是什么"时，系统可以马上回答。

■ 资产投资比例的选择

资产组合

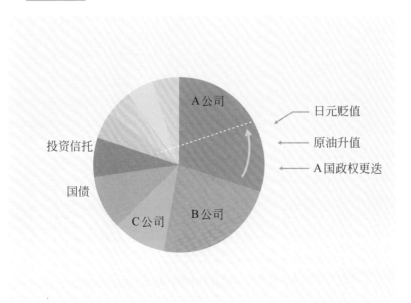

原油价格下降×%的情况，
A商标下降×%

◉ 机器学习在市场营销中的应用

营销手法之一是推荐，即向顾客推荐商品和服务的功能。基于机器学习的推荐，将顾客的性别和年龄层等属性和到现在为止的购买记录作为输入使之学习算法，推测商品之间的相似度和顾客的集群分类。这种推荐在亚马逊和YouTube等各种各样的Web服务中广泛普及，可以说是现在人类最常见的机器学习算法之一。

■ 利用评论功能的机器学习

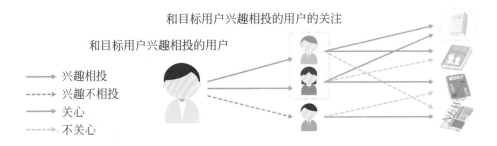

除此之外，作为机器学习被大量应用的营销领域，Web广告框的自动购买机制也是一个案例。现在的Web广告框的购买，广泛采用一种被称为DSP（需求侧平台）的拍卖形式，在这里机器学习发挥着作用。

在拍卖中出现的广告框，附加了顾客的性别和年龄层等属性，广告商根据这些信息进行投标。投标时，参照以往的广告流入的顾客信息等。Adflex Communications公司利用基于机器学习的"Scibids"服务，优化了针对此类顾客的销售决策，代替了以往Web营销负责人所做的工作。

今后随着IT化和IoT（internet of things，物联网）化在所有领域的推进，机器学习的使用将比以往更加广泛。

总结

▶ IT化迅速的行业机器学习发展得更快。

第 **3** 章

机器学习的过程和核心技术

　　到第 2 章为止，我们学了关于机器学习和深度学习的基础知识，从第 3 章开始将把重点放在实际的开发现场。本章中，我们将从必要的整体工作流程、目的和目标的设定、具体的操作方法和应该注意的重点等角度出发，深入理解机器学习。

12 机器学习的基本工作流程

首先，我们来看一下基本的系统开发工作流程。其中包含类似于控制时间和把握课题等很多问题，接下来我们会对每个话题一一解说。

◎ 基本工作流程和注意事项

机器学习系统的开发与普通系统相比，为了算法的选定和机器学习的性能提高，常常导致试错性质的返工非常多，也可以说很容易发生跨过程返工（前阶段工作返回重做）。因此，适当地管理每个过程所花费的时间是很重要的一环。

更重要的是，事先要想清楚"想解决的问题是不是适合机器学习"。机器学习得到的预测不一定正确，根据问题的不同，有时候利用第4节中提到的专家系统反而效率更高，所以在进行机器学习之前一定要讨论"有没有其他的方法"。

■ 基本工作流程

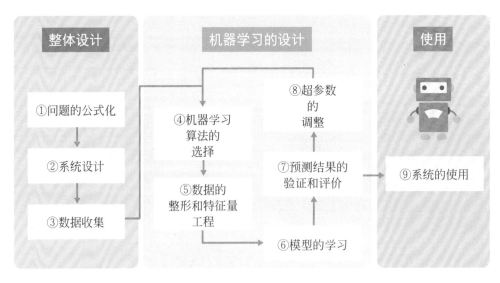

⊙ 整体设计

① 确定问题

如果要开发机器学习的系统，应该有"想通过网络销售增加收益""想提高顾客满意度"等某种明确的目的存在。为了利用机器学习达到这个目的，必须深度挖掘"在机器学习过程中想得到什么样的信息"。在机器学习中，随着需要的东西的变化，从输入输出的数据到算法的选定都会发生翻天覆地的变化，所以最初的公式化是很重要的。

■ 问题的公式化

想要网购的收益增加的话……

➡ 想要推荐商品

➡ 预测"顾客购买商品的可能性"　　细化到这个地步

② 系统设计

在系统设计环节，设计者需要考虑除了机器学习的详细内容以外的整体流程，特别是从哪里取得数据，最终以怎样的形式利用数据。如果不事先好好设计的话，在之后机器学习部分中就会变得容易出现错误。

③ 数据收集

在机器学习系统中，收集用于训练和预测的数据是不可缺少的功能。除了自己手中拥有的数据以外，还可以使用政府机关和企业公开的数据和从网上收集的数据。关于从互联网收集数据的方法，将在第13节中进行解说。

⊙ 机器学习设计与系统运用

④ 机器学习算法的选择

根据适用的问题，从有监督的训练（回归·分类）、无监督的训练、强化学习等各种算法中选择适当的方法。因为算法各有特点，所以可以挑选几个看起来不错的试一下。另外，具有代表性的算法将在第4章中介绍。

⑤ 数据整形与特征量工程

为了提高机器学习的性能，不仅选择算法很重要，选择输入什么样的数据也很重要。因为算法可以接受的数据形式是固定的，所以有些数据在以其他形式取得的时候需要进行转换。另外，在机器学习中，将数据的每一个项目称为特征量，但如果直接利用拿到的特征量，反而会降低预测性能。因此，需要删除多余的特征量并进行形式上的转换，组合多个特征量生成新的特征量等，调整的目的是让机器学习算法更好地发挥性能（特征量工程）。关于代表性的调整方法，将在第14节中进行介绍。

■ 特征量工程

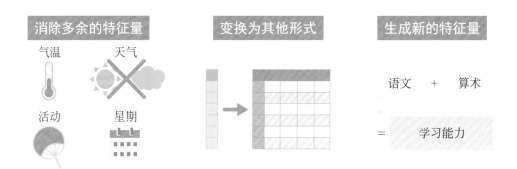

⑥ 模型训练

利用收集到的训练数据，训练机器学习模型。另外，不仅限定在系统的构筑时，在系统开始运行后也会用新收集的数据继续对模型进行训练。基本的训练方法在第15、16节中会进行解说。

⑦ 对预测结果的验证和评价

预测结果出来后需要进行验证和评价，知道实际使用时预计能发挥出多少性能，在系统的运用中也是非常重要的。另外，如果需要进一步提高性能的话，就得返回⑤的特征量工程重新进行试验。但是，随着算法的不断改良，性能提高将会变得非常艰难。因此，有必要制定"只要能有95%的精度就可以达到要求"的优化上限。验证和评价的方法将在第17、18节中进行解说。

⑧ 超参数的调整

"⑦ 预测结果的验证和评价"之后，为提高性能，可调整作为算法指定值的一种超参数。超参数将在第19节中进行说明。

⑨ 系统的使用

如果机器学习模型有足够的性能，就导入系统中使用。但是，在机器学习系统中，开始使用后继续验证性能也是不可缺少的一环。

如果收集数据的性质发生变化，可能需要再次训练模型。另外，在使用开始后仍继续训练模型的情况下，由于第22节所讲的反馈循环等原因，模型的性能可能会降低。

 总结

▷机器学习的过程中试错必不可少。

13 数据的收集

进行机器学习，需要获取用于进行算法学习和预测的数据。本节介绍各种数据的获取方法。

● 自己记录数据

获取数据最重要的方法就是自己记录数据。特别是企业为了解决公司内的问题而利用机器学习的情况下，通过编制记录下自己需要数据的算法，可以制作更符合自身需要的机器学习模型。但是，也有一些需要注意的问题。特别是以下几点。

● 能否确保足够的数据量

与从外部获取数据不同，在自己记录数据时，必须考虑"搜集数据所需的时间"。例如，考虑通过机器学习来预测一位顾客解约服务的可能性，如果解约事件一年只发生几次的话，即使数据收集进行5年，最多也就只能收集几十件。

● 数据搜集的过程中条件是不是改变了

虽然数据量足够，但是实际上数据取得的环境中途已经发生了变化。例如，对顾客进行的问卷调查根据实施时期的不同，作为对象的顾客层和问卷调查项目等可能会发生变化。另外，从传感器获得的数据需要确认传感器的位置和数量等是否在数据搜集过程中保持不变。

● 利用政府机关和企业公开的数据

政府机关和企业有时会在网上公开拥有的数据库。由于在很多行政、企业、学术研究等活动中使用，数据库的内容得到了充实。在网上也可以取得一些数据，根据年月日和对象的不同，数据的汇总形式也有很多不同的情况，但是作为数据库公开的数据大多是统一的汇总形式，是容易处理的数据。有很多可以取得数据库的地方，包括汇总了日本政府进行的统计调查结果的"e-Stat"和汇总了美国人口普查的结果的"Census"。

■ 政府机关和企业公开的数据

e-Start 政府统计主页

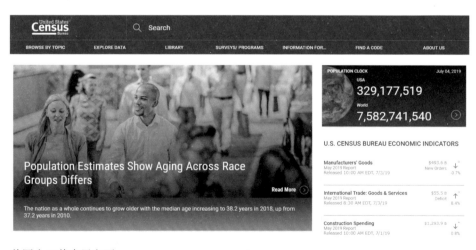

美国人口普查局主页

● 活用Web API数据抓取

　　网络上有公开的图像、动画、声音等多种多样的数据，可以说是最巨大的数据库。话虽如此，如果人们通过操作浏览器和应用程序从网上获得数据，就会花费大量的时间。如果此时有一个能够自动运行的搜索程序，那么真是没有比网络更强大的数据库了。但是，从样式各异的网页设计可以看出，互联网数据的形式不完备，不能简单自动地取得数据。因此，在使用互联网上的数据时，需要从网页和Web服务中提取所需的数据，并将其整理成可以在机器学习中使用的形式。下面，我们将介绍具有代表性的Web API和数据抓取方法。

■ Web API 和数据抓取的流程

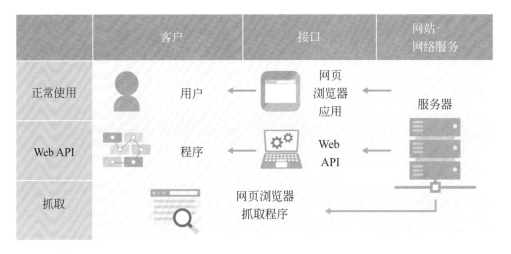

　　Web API通常指网络服务提供者预先准备的应用。使用Web API，就可以使用这个网络服务所搜集到的数据。可以获得的数据类型取决于网络服务本身，比如Facebook或者Twitter这种SNS的Web API，其数据就是在SNS内发文的用户信息和行为取向之类的信息，大型网购服务提供商亚马逊的Web API就是商品信息和销售情况。

　　数据抓取，就是不利用一般的Web API而是直接通过网络服务获取数据。数据抓取主要应用在想要在网络服务上获取数据却没有Web API可用，或者Web API无法获得数据的场合。数据抓取经常会利用公开的网页浏览器自带的程序运行。

网站和网络服务的数据，都存在于服务器上。我们在使用的时候，可以利用浏览器或者应用App取得数据。计算机代替人类登录网络服务器时，Web API或者Web浏览器就可以通过Web API、Web浏览器、抓取程序等手段取得数据。

Web API不仅在大多数场景下可以由用户自主决定使用方法，而且不容易受到Web服务模式变更的影响。但是，没有提供Web API的情况下是不能使用Web API的。与之相反，数据抓取则可以在任何网站或者网络服务中使用，但是每当服务模式变更或者更换不同的网络浏览器都需要进行重新匹配。此外，如果在禁止抓取数据的网站上进行数据抓取，或者数据抓取行为给服务器带来过大的负荷的时候，有可能会被追究法律责任。

■ Web API 和数据抓取的优缺点对比

	优点	缺点
Web API	• 有明确的使用方法，方便使用 • 不容易受到样式变化的影响	• 没有预留 Web API 的情况下无法使用 • 存在数据取得限制
数据抓取	• 可以在没有预留 Web API 的网络服务中获取数据 • 可以获取 Web API 中没有规定的数据	• 不受样式变化影响 • 可能被追究法律责任 • 需要一定的知识和技能

✏️ **总结**

▷ 数据收集方法分为"自行收集""利用公布的数据""灵活使用Web API和数据抓取"。

14 数据的整定

把数据放进机器学习的算法中时，需要把数据整形成为适应算法的形态。本节重点介绍具有代表性的分类数据和数值数据的整形。

○ 分类数据的整形

所谓分类数据，就是将数据以类似于性别、住址等类别分类表述的一种数据形式。想要将分类数据变换为容易处理的数据形式，需要在考虑内存使用量和学习速度后提出各种变换方法。

另外，分类数据变换后数据是无法比较大小的，所以抛开数值编号看数据大小是没有意义的。

● 标签编码

标签编码是最简单的整形方式，直接赋予每一个分类一个数字。

● 计数编码

所谓计数编码，即通过数据出现的次数进行分类。

● One-Hot编码

所谓One-Hot编码，就是将列的名称指定到分类名，一致的列就是1，其他的列为0。这种场合下，One-Hot编码可以清楚地划分各个类别。但是，由于分类的个数会导致列数增加，使得内存使用量增加，从而导致计算速度变慢。

■ 分类数据的整形

ID	都市
1	东京
2	大阪
3	名古屋
4	大阪

标签录入 →

ID	城市
1	1
2	2
3	3
4	2

ID	城市
1	东京
2	大阪
3	名古屋
4	大阪

数字录入 →

ID	城市
1	1
2	2
3	1
4	2

ID	都市
1	东京
2	大阪
3	名古屋
4	大阪

One-Hot 录入 →

ID	东京	大阪	名古屋
1	1	0	0
2	0	1	0
3	0	0	1
4	0	1	0

　　下面将会介绍数据整形的基本方法。如果数据的值是数值类型的话，通常都不需要进行整形，直接发送到算法之中。但是，如果可以将这些数值变换为更适合机器学习的数据，那么就能获得更好的运算性能。

○ 数值数据的整形

● 离散化

离散化，即将连续的数值通过某种区别而区分开来的操作。例如，预测游乐园入园游客人数的时候，数据的值中有入场游客的年龄，将年龄以整十岁为分界点进行划分的方法就是离散化。如果使用入园游客的真实年龄，即使有一岁的差异也是两个不同的数据，这对于仅仅想了解数据的特征量我们来说，是不能满足需求的。整十岁的划分方式，成功地吸收了年龄中存在的细微差距。

● 对数变换

对数变换，即对数据值取对数（log）的操作。对数操作可以缩短正数数值的长度，还可以扩大比较小的数值。在机器学习将接近正态分布（完美的山型）数据的效果发挥出来中，对数变换就是其中的重要手段之一。

● 缩放

缩放，是把数值的范围进行变换的操作。根据数据的特征，有些情况下数值的取值范围可能并不是固定区间，例如游乐园入场游客的人数就是一个没有上限的数值。但是，线性回归和逻辑回归这类算法的运行很容易受到数值大小的影响，所以有必要对数值的范围进行变换。具有代表性的缩放方法有Min-Max缩放和标准化的方法两种。Min-Max缩放是把最小值设定为0，最大值定为1，数据值的范围限定在0到1范围内的方法。标准化是将数据平均值限定为0，方差限定为1的方法。另外，有的场景下需要先使用上文介绍的对数变换，再进行标准化。

总结

▷ 综合考虑数据和使用的算法，选择整定方法。

■ 数据数值的整形

离散化

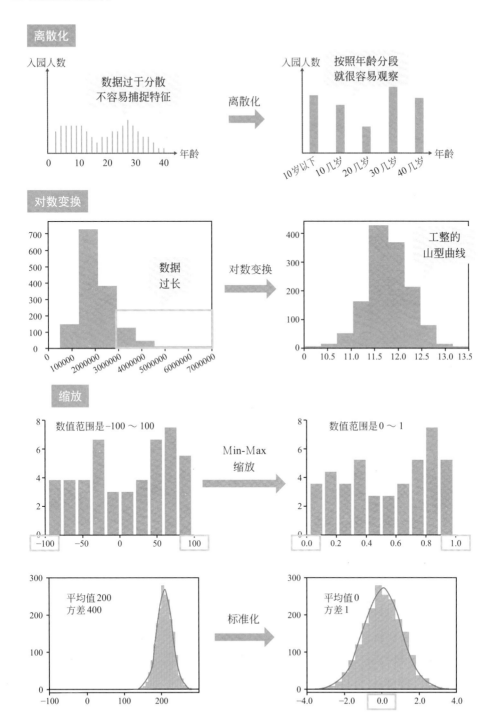

入园人数

数据过于分散
不容易捕捉特征

0 10 20 30 40 年龄

离散化

入园人数   按照年龄分段
就很容易观察

10岁以下 10几岁 20几岁 30几岁 40几岁 年龄

对数变换

数据
过长

对数变换

工整的
山型曲线

缩放

数值范围是-100～100

Min-Max
缩放

数值范围是0～1

平均值200
方差400

标准化

平均值0
方差1

15 模型的制作和训练

机器学习，就是根据问题选择适合该问题的算法、建立模型的过程。本节将着手讲解模型的建立和学习的方法，让读者加深理解。

● 模型是什么

机器学习中的模型，即根据输入数据（对输入数据的分类和预测）得到输出的一种数理模型。将这个抽象的名词理解为"输入一些东西后就会产出某些东西的箱子"的话，就很好懂了。请想象一下，我们刚才提到的箱子，不同箱子的大小和入口形状各异，由此决定了放进去的东西的类型，同时也决定了箱子产出东西的形态。为了制作像上述介绍的箱子一样的模型，必须事先确定输入输出的数据是怎么样的数据。

顺带一提，上文中提到的"箱子"，就是数学中的"函数"概念，机器学习中运行的算法就是函数的计算。

■ 模型就是"函数"

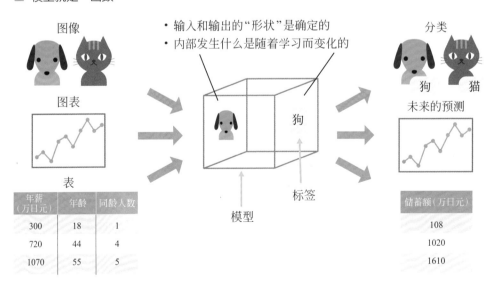

建立模型的时候，内部的处理（函数运算）经常会有乱七八糟的情况。因此模型会输出什么东西基本未知。有时候输入一张小狗的照片，模型会告诉你这是一只猫，而且这个模型以后一直维持这种图像识别水平的可能性也是存在的。对这种状态的模型进行修改，使之能够输出更准确结果的行为，被称为"训练"。

■ 修改随机处理

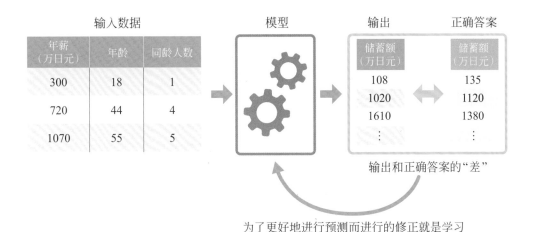

输出和正确答案的"差"

为了更好地进行预测而进行的修正就是学习

这种缩短数据和正确答案之间差距的方式叫做有监督训练。另外，无监督训练由于方法不同，训练的过程千差万别，将在第4章介绍。举个例子，思考一个根据某人年收入判断储蓄额的机器学习算法的情境下，训练数据是"年收入××万日元"，正确数据就是这个人"实际储蓄的金额"。

在此基础上，考虑将年收入作为输入数据的机器学习模型中，作为输入数据的年收入为横轴，作为正确答案的储蓄额数据作为纵轴，这组数据的平面坐标点可以组成一个二维图形。（如第62页下部的图所示）。这时候可能很多读者已经猜出来"年收入应该和储蓄额是有某一比例关系的吧"，不要着急，让我们确认下图形，果然，是一个倾斜直线。

一般对于成比例的数据来说，线性模型是最有效的。直线是由斜率和截距两个参数决定的，通过训练来找到适合的参数就可以建立良好的模型了。

○ 训练误差

接下来就让我们从实际出发，思考一下适合输入数据的线性模型参数，以及寻找这样的参数，需要怎样的处理才合适呢。

首先，给模型赋予适当的参数后计算模型的输出。计算出来的输出数据必定和正确数据有着极大的差距，这个差距被称为训练误差。学习的过程，就是为了缩小训练误差而不断更新参数的过程。例如关于斜率，像下图一样更新参数后，直线的斜率就会逐渐向正确数据的方向倾斜。

模型和数据之间的差值变得足够小之后，训练就告一段落了。通过这样方法建立的模型，当输入"年收入650万日元"这个之前没有训练过的数据，也可以得到"储蓄额700万日元"的预测结果。

本节是以线性模型为例对训练进行说明，机器学习过程中使用的模型多数是非常复杂的。除此之外输入数据也不仅仅是年收入，还有一些案例中需要我们参考年龄、年龄段等其他数据后才能建立预测模型。虽然如此，更多的场合下，有监督训练的学习过程，还是可以理解为"为了缩小训练误差而不断更新参数的过程"的。

■ 线性模型的训练

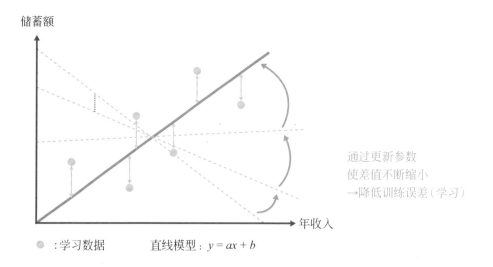

储蓄额

通过更新参数
使差值不断缩小
→降低训练误差（学习）

年收入

● :学习数据　　　直线模型：$y = ax + b$

◎ 周而复始进行训练（迭代）

将所有的训练数据进行多次重复的训练，并对模型的参数进行相应调整，慢慢地就能输出正确的预测/分类结果了。这个重复训练的过程叫做迭代。迭代方法主要有批学习、小批量学习和在线学习三种方法。

批学习需要一次性将训练数据全部读取；与此相对的小批量学习，则会在每一次训练后都会以一个设定好的"批规格"来读取指定数量的数据；在线学习则是每次训练都只读取一个数据。

批学习由于需要一次性处理所有的训练数据，所以需要大量的计算机存储空间来对所有的数据进行一次性处理。相对而言，小批量学习和在线学习每次只会读取一小部分甚至一个数据，然后重复进行读取操作。从结果看来，虽然所有的数据都被读取到了，但是越靠后被读取的数据，就对结果影响越严重，所以训练的顺序就显得至关重要了。另外，与批学习相比，另外两种训练方式的计算量会变得非常大。下一节将详细介绍批学习和在线学习。

■ 重复学习（迭代）和迭代的种类

批学习	小批量学习	在线学习
模型		
所有的数据 一次性学习	按照分好的一个一个小批量 进行分批学习	一个一个学习数据

✏ 总结

▷ 模型的训练，就是重复训练过程以缩小误差数值。

16 批学习和在线学习

由于批学习的处理方法是将所有数据一并处理，为此模型更新就会比较耗时间。相对而言，在线学习采用的则是一个一个处理数据并快速更新模型的方式，为此模型的更新会非常频繁。

○ 批学习

批学习的执行，需要同时使用所有的数据来对模型进行训练，因此计算时间非常长，模型训练和基于模型的预测是分开进行的。这种将预测分割开来的学习方法叫做离线学习。

另外，使用批学习的时候，如果想要将模型应用于新的数据，就需要将新数据和旧数据混合在一起输入模型重新训练。当这个利用新旧数据混合在一起训练的模型确定后，就可以将之前使用的预测模型停用并且更换新模型。因为数据的训练非常消耗时间，模型并不能做到实时更新。因此，在数据时效性非常强的股市中，使用这种训练方式的机器学习交易系统会面临着极大的不利因素。再者，频繁利用所有数据进行再训练对计算资源是一种非常大的挑战，如何解决硬件问题也是这个方法面临的难点之一。

■ 批学习

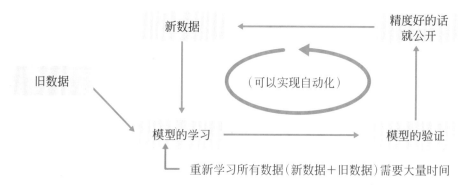

○ 在线学习

在线学习，是一种只需要向系统连续不断地投入少量数据（小批量学习的最小单位，或者一个数据）即可完成训练的方法。这是一种可以让训练快速进行，能让模型在接收新的数据后立即进行训练的方法。由于这个特点，这种学习方法不仅适合前文介绍的股票交易系统场景，还对计算资源有限的场景非常有效。因为即使在模型中训练过的数据，也不会被保存下来。

在线学习的缺点是，如果输入数据中有异常数据，那么模型的预测能力就会变得非常低。这是因为新的输入数据存在的目的就是为了能够正确更新分类参数。为了避免这种情况的发生，需要使用错误数据检出算法来监视输入数据。

此外，在线学习的模型中新获得数据适应程度的量化数值学习率是一个非常重要的参数。学习率较高的模型对于新获得的数据的适应速度比较快，同时失去原有数据适应性的速度也较快。反之，学习率较低的模型对于原有数据适应性的保留程度较高，对于新获得数据的适应速度则比较低。

另外，数据规模过大导致无法使用批学习的场景下，需要将数据分割为小单位后，使用在线学习的算法进行训练，这种训练方法叫做核心外学习。

■ 在线学习

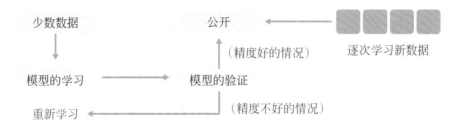

总结

▷ 批学习是统一学习，在线学习是逐次学习。

17 利用测试数据对预测结果进行验证

机器学习算法中对于未知数据的预测和分类性能的验证是非常重要的，但是如果没有找到正确的验证方法，那么验证的结果就丝毫没有意义。本节将会介绍如何根据测试数据选择正确的验证方法。

◉ 一般性能是什么

机器学习的首要目的，就是根据获得的数据进行训练，并对未知数据进行预测和分类操作。这种对未知数据进行预测和分类的精度被称为一般性能。所谓训练，是针对训练数据的，虽然以性能为基准对模型的参数进行更新，但在训练结束后，模型尚不能保证对未知数据的预测性能，因此一般性能的验证就显得至关重要了。

一般性能的验证中最重要的一点，就是"不能使用已经用来进行训练的数据进行一般性能验证"。为此，必须要从原本用于学习的数据中分出一小部分数据作为验证专用。这种验证专用数据，被称为测试（验证、评价）数据。

训练数据和测试数据分开保存，就可以验证训练后的模型对于输入的未知数据具有怎样的预测性能，这也是对于训练后的模型进行第一次一般性能的评价。如果不了解建立的模型预计能给我们带来怎样的性能，就不能让使用者对其有足够的信心，这在算法实际的使用过程中会给使用者带来很大的不便。

另外，如果直接将训练数据作为测试数据使用的话，无疑会让验证模型的精度表现得非常高，但是这并不能表明模型的一般性能非常高。就如同我们直接把平时做过的练习题当成考卷给学生做的话不能准确反映学生的学习能力一样。

■ 将训练数据作为测试数据来验证模型的话……

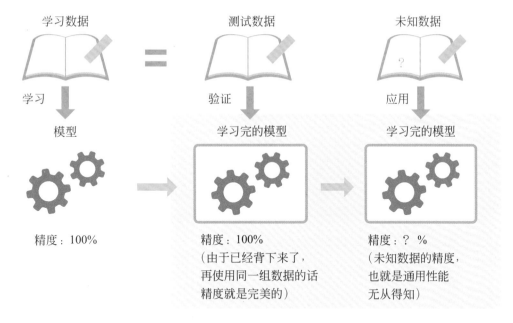

学习数据

学习

模型

精度：100%

＝

测试数据

验证

学习完的模型

精度：100%
（由于已经背下来了，
再使用同一组数据的话
精度就是完美的）

未知数据

应用

学习完的模型

精度：? %
（未知数据的精度，
也就是通用性能
无从得知）

■ 不使用训练数据作为测试数据的情况

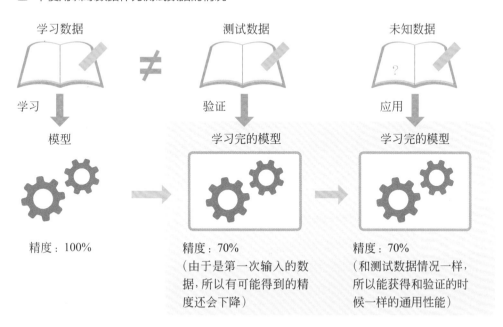

学习数据

学习

模型

精度：100%

≠

测试数据

验证

学习完的模型

精度：70%
（由于是第一次输入的数
据，所以有可能得到的精
度还会下降）

未知数据

应用

学习完的模型

精度：70%
（和测试数据情况一样，
所以能获得和验证的时
候一样的通用性能）

那么，实际工作中训练数据和测试数据如何分割才是最好的呢？方法不胜
枚举，比较具有代表性的就是下文将要介绍的hold out验证和k折交叉验证。

● hold out验证和k折交叉验证

所谓hold out，即将数据按照一定比例分割为训练用数据和测试用数据的验证方法，是最简单的一种验证方法。训练中使用的数据数量和模型的性能有着绝对的相关性，因此训练数据的数量一定要尽可能地扩大，验证中使用的数据量如果太少的话，就不能模拟实际使用过程中各种未知数据的情景了。数据数量极为庞大的情景下，下文使用的交叉验证由于处理速度的问题，造成训练和验证的时间都大大增长，故使用集中训练和验证的hold out验证方法更有优势。一般来说，训练用数据和验证用数据的比例多为2∶1，4∶1或者9∶1。

■ hold out 验证

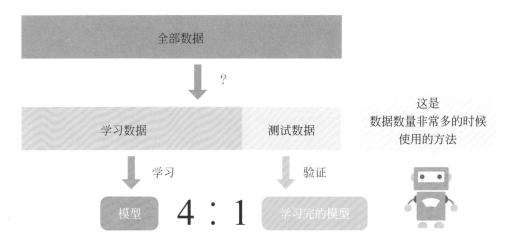

这里讲述的hold out验证，是从所有的数据中挑选出一部分作为测试数据使用的，但是这个挑选的方法如果发生了偏差，那么也不能做出正确的验证。

这时候就需要使用k折交叉验证（k-fold cross validation）了。这种方法将所有的数据都作为验证数据使用，让训练数据和测试数据相互交叉，制作成多个子集，在此之上，分别使用训练数据进行训练，测试数据进行验证，再将验证结果作为依据分析模型的性能。

k折交叉验证相比于hold out验证法，由于数据组合有了3～10倍的增长，所以虽然对计算资源要求比较高，但是还是现在使用最为广泛的验证方法。

■ k折交叉验证

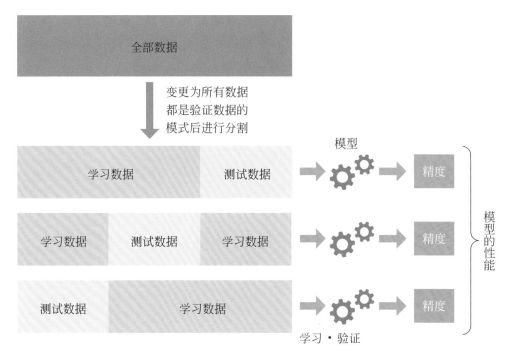

全部数据

变更为所有数据
都是验证数据的
模式后进行分割

模型

学习数据　测试数据　→　精度

学习数据　测试数据　学习数据　→　精度

测试数据　学习数据　→　精度

模型的性能

学习·验证

其他的验证方法还有Leave-one-out交叉验证。即从所有数据中挑选出一
个数据作为测试数据，其他数据均为训练数据。据此得到的所有数据对应的模
式都作为训练和验证的数据，根据验证结果综合判断模型的精度。这种方法相
比于前文介绍的两种方法可以获得更多的训练数据，从而显著提高模型精度。
但是由于数据数的上升，计算量也等比例增加，因此近些年来使用这种验证方
法的场合多是一些数据数量不大的情况。

✎ **总结**

▷ 预测结果的验证方法中，k折交叉验证最为常见。

18 训练结果的评价标准

根据机器学习模型验证的结果，我们可以获得模型输出结果和正确答案的统计数据。但是，统计数据并不能直接反映出模型的预测性能。本节，我们就讲解如何从统计数据中正确地挖掘模型的预测性能。

● 机器学习预测性能的评估

前述章节中，我们学习了如何通过测试数据来验证机器学习模型的预测性能。在验证的过程中输入测试数据，各种各样的数据如果进行回归分析会产生预测数值，进行分类的话会得到一些预测标签。这些结果中，回归分析得到的是对输入数据进行预测后预测结果和正确答案之间的差距的数值，而分类则对输入数据进行了标签分类后统计到一个表格里。光看这些统计的结果，并不能回答"这个模型的性能怎么样"或者"这个模型能否判断我的工作怎么做最有利"等重要的提问。

■ 只靠验证是不充分的

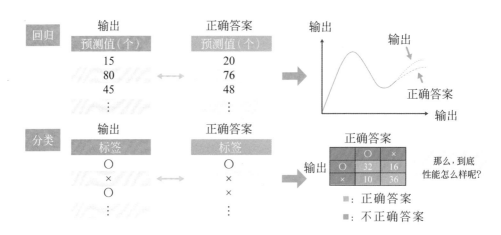

训练后最重要的就是利用这些通过对测试数据验证后得到的验证结果进行模型预测性能的"评估"。本节主要内容就是对利用回归分析和分类建立的模型进行预测性能的评价指标的介绍。

◎ 回归模型的预测性能评估

回归模型性能的基本要素就是输出结果和正确答案做差分运算得到的"预测误差",所以回归模型评价指标的区别,就是对这个预测误差如何进行统计。下文开始,我们就要介绍其中具有代表性的 R^2(决定系数)、RMSE(均方根误差)和 MAE(平均绝对值误差)。

■ 回归模型的评价指标

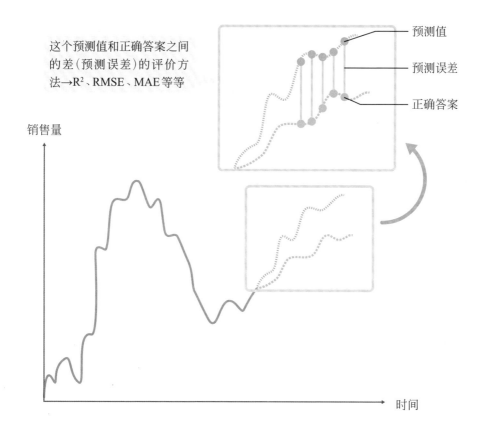

这个预测值和正确答案之间的差(预测误差)的评价方法→R^2、RMSE、MAE等等

◎ 回归模型中最具代表性的预测误差统计方法

（1）R^2（决定系数）

所谓R^2（决定系数）是通过对预测误差的归一化（使数值的大小规格一致）而得到的指标，完全无法预测的时候取值为0，完全预测成功时取值为1，此数值越大，性能越好。这个指标不受预测数值的规格影响，比较直观好懂。

（2）RMSE（均方根误差）

所谓RMSE（均方根误差），是指对预测误差进行平方和平均后进行统计的指标，越小越能反映优秀的预测性能。其对于正态分布的误差能做出最正确的评价，是现在最常用的评价指标。和R^2（决定系数）不同，即便预测值的规格是个数，那么RMSE的规格也会是个数，不会改变预测值的尺度，这使得它在具体性很强的模型评价中具有非常好的使用空间。

（3）MAE（平均绝对值误差）

MAE（平均绝对值误差），是将预测误差的绝对值求平均后进行统计的指标，数值越小，预测性能越好。和RMSE相比具有偏离值（与通常的误差相比不是一个数量级上的巨大误差）判断的优势，所以适合偏离值较多的数据组的评价。此外，MAE和RMSE一样，都不会改变预测值的尺度，所以也适合用在具体性较高的模型的评价上。

■ 3个评价指标

R^2（决定系数）	RMSE（均方根误差）	MAE（平均绝对值误差）
· 从0到1的范围内取值，数值越接近1精度越高	· 可以对正态分布的误差做出正确评价 · 容易被局部误差影响	· 用于存在很多偏离值的数据集的情况

分类模型的性能评价

接下来介绍的是分类模型。分类模型的评价和回归模型矩阵有着本质差异，需要考虑同时有输出数据和正确答案的模式，因此基本都把模式设定为混淆矩阵。比如"○"和"×"的标签分类问题，同时包含输出和正确答案的模式是一个2×2的4格模式，混淆矩阵如下图的2×2的4格。

■ 混淆矩阵

	答案是"○"	答案是"×"
预测是"○"	TP	FP
预测是"×"	FN	TN

T：True（预测正确）
F：False（预测不正确）
P：Positive（"○"）
N：Negative（"×"）

两标签分类的混淆矩阵的4格模式中，将正确答案是"○"的情况正确预测为"○"的次数是TP（True Positive，真阳性），将正确答案为"○"的情况错误预测为"×"的次数是FN（False Negative，伪阴性），将正确答案为"×"的情况错误预测为"○"的次数是FP（False Positive，伪阳性），将正确答案为"×"的情况正确预测为"×"的次数是TN（True Negative，真阴性）。把混淆矩阵的TP、FP、FN、TN值代换到韦恩图可以获得下图。训练后的分类模型，以蓝色圆圈代表着数据的"实际分类的区域（如果完全正确分类形成的界限）"为目标运行，而并不能完美完成任务，最终将预测结果划定在了粉色的圆圈（推测的数据范围）的分类区域。绿色的数据表示的是正确分类的数据，而橙色则代表错误分类的数据。

■ 在韦恩图中表示的混淆矩阵的值

对数据正确分类的界限   模型预测的界限

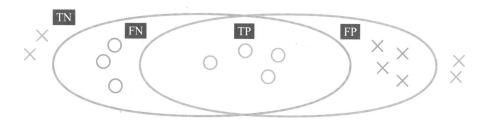

3

机器学习的过程和核心技术

◎ 分类模型中具有代表性的评价指标

这一部分主要介绍以TP、FP、FN、TN为标签的4种评价指标，混淆矩阵将会再次出现，请读者一边参考混淆矩阵，一边继续阅读。

■ 正确率（accuracy）

$$正确率 = \frac{TP+TN}{全部数量（TP+FP+FN+TN）}$$

	答案是"○"	答案是"×"
预测是"○"	TP	FP
预测是"×"	FN	TN

T：True（预测正确）
F：False（预测不正确）
P：Positive（"○"）
N：Negative（"×"）

正确率，即正确分类数据占所有数据的比例，基本相当于我们日常所说的正确率的含义。

■ 再现率（recall）

$$再现率 = \frac{TP}{TP+FN}$$

再现率，即表达实际值为正确也被预测为正确的情况占被预测为正确的情况的比例。使用再现率这个指标的情景是"即使分类错误也无所谓，只是想把所有实际正确的值包含进来就可以了"。比如，医院诊断病例的时候，就会倾向于确认就医人患病。看病的时候，把没有病的数据诊断为患病的情况，实际上要比本来患病但是没有诊断出来这种情况要好得多，因此，再现率更受重视。

■ 适合率（precision）

$$适合率 = \frac{TP}{TP+FP}$$

　　适合率，计算的是所有预测为正确的情况中，实际值是正确的比例。适合率与再现率追求相反，希望"可以把实际正确的值分类为错误，但是一定不能把实际错误的值分类为正确"的场景一般使用这个指标，比如网络搜索引擎。在网络搜索引擎中，想从庞大的数据量中搜索出与关键词匹配的数据，适合率高的模型更能满足用户的需求。

■ F值（F-score）

$$F值 = \frac{2 \times 再现率 \times 适合率}{再现率 + 适合率}$$

　　虽然再现率和适合率都是好处明显的指标，但是无限提高这两个指标就一定能获得好的模型吗？也不尽然。比如疾病诊断，如果把所有人都诊断为患病，那么再现率实际上就是100%了，这个指标究竟还有没有参考价值，想必不言自明了吧。

　　这种情况下，F值就很有参考意义了。实际上再现率和适合率是此消彼长的关系，一方增加另一方就会减少。取再现率和适合率的平均值（调和平均数）计算出来的指标，被称为F值，是一个非常优秀的指标。

总结

▷ 评价时需要使用切合实际的评价指标。

19 超参数和模型的调节

即使是机器学习，有时候为了能够让算法的性能提高，有些参数也不得不借由人工介入来调整。这种需要人工调整的参数，被称为超参数。

◎ 超参数

为了能够正确理解超参数，下面以多项式为例进行讲解。多项式的参数是直线的斜率或者截距之类的，在模型中是设定好的具体值，而超参数指代的模型则是几次多项式（比如直线、二次曲线、三次曲线）这种更大的特点。

■ 多项式（直线、二次函数等）的案例

参数
$g=ax+b$
→模型的内容

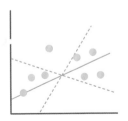

超参数

1次 $g=ax+b$
 或
2次 $y=ax^2+bx+c$
→模型的框架

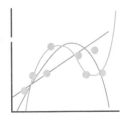

超参数如果不能契合模型，那么模型的性能就不能得到百分百的发挥。此时，性能无法完全发挥的模型就会产生"过学习"和"欠学习"两种特征。

欠学习，和字面意思一致，指模型没有进行充足的训练而导致性能低下的状态。针对训练数据进行预测和分类的精度不高的情况，就是欠学习。

相反，过学习则是对训练数据要求过高的预测精度，而导致对未知数据的预测精度低下的状态。

从下文开始，我们来具体学习一下过学习和欠学习。

欠学习和过学习

举个例子，利用算法来推测平面图形的形状（相对于真实模型）。我们看下图中，绿色曲线为真实模型，而实际取得的点则是存在噪点（偏差）的黄色点。所谓机器学习，就是算法通过数据的训练，求得能够更准确表现真实模型（绿色曲线）的模型（红色曲线）。如果使用的多项式模型（1次→直线，2次→二次函数）的话，这个多项式模型的超参数就是多项式的次数了。

如下图中① 所示，次数为1的时候模型为直线，但由于真实形状为曲线，直线就显得过于简单而不能充分描述实际模型，这种状态就被称为欠学习。进而，这种对模型表现能力不足，导致训练数据和模型之间产生的误差，叫做近似误差。

那么，次数为1的模型既然由于太简单而不能充分描述模型，那我们这次把多项式的次数大幅度增加来观察一下。这次把次数提高为8来进行训练，训练结果如下图中② 所示，训练数据（黄色点）已经非常接近真实模型了，但是当对离散的数据点进行真实模型（绿色曲线）拟合的时候，所得曲线却大幅度偏离了真实模型，这明显不能称为准确描述真实模型。这种情况的模型，虽然学习数据的精度非常高，但是对未知数据的预测则精度非常差。这种情况就被称作过学习，未知数据（测试数据）和模型之间的差值叫做验证损失（validation loss）。

■ 欠学习和过学习

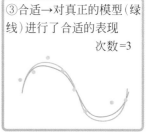

① 未学习→模型的表现力低　次数=1

② 过学习→模型过度的匹配，和真正的模型（绿线）的形状也不太一样　次数=8

③ 合适→对真正的模型（绿线）进行了合适的表现　次数=3

—— : 真正的模型　● :学习的数据　—— : 算法导出的模型

◉ 超参数的自动调节

上文的案例中，我们对多项式模型的次数进行了讲解，实际使用过程中，会有许许多多不得不决定下来的超参数存在。而且，大多数情况下，都不会出现前文的图中给出的依据可视化的平面图形来对参数进行调整的直观情况，对超参数进行调整是一件非常难的事情。

于是为了确定超参数的取值，机器学习中有各种自动对超参数进行调节的方法。

最简单的方法是，把所有的备选答案进行排列组合，然后选择性能最佳的组合。这种方法叫做网格搜索，适用于超参数的最佳选择必定会出现在列出的排列组合中。但是，如果备选的组合过多的话运算量则会极大增加，那么训练数据太多、模型太复杂，或者说一次性训练的话计算量过大的场景使用这种方式就极为困难了。这种场景可以采用不需要将所有可能性都考虑，仅需要将其中一些备选答案进行遍历的方法。虽然还有种种方法，本节只介绍其中一些使用频率较高的方法。

■ 决定超参数组合的方法

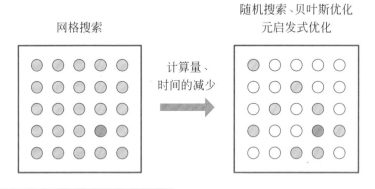

网格搜索

随机搜索、贝叶斯优化
元启发式优化

计算量、
时间的减少

· 尝试所有的组合，选择最优秀的超参数
· 但是计算量过大，很多情况下无法做到全部测试

· 尝试一些组合，从中选择最好的超参数
· 选择尝试的组合的方法很多

■ 其他方法

随机搜索	一种随机尝试超参数的各种组合的方法。因为只需要指定尝试的模式即可开始执行命令，因此是一种非常容易使用的方法
退火算法（模拟退火、SA）法	由于非常类似于金属加工中"退火（将某种材料加热后，经过一段时间将其冷却的一种热处理）"而被以此命名的方法。该方法一开始以各种各样的模式进行尝试，慢慢地将探索范围缩小
贝叶斯优化法	利用高斯过程的回归模型，探索优秀的超参数的方法。尝试利用各种参数的组合计算模型的精度，依据计算结果，推断是否可以继续优化这个参数组合，从而达到高效探索
遗传算法	模仿生物进化方式的一种方法。将超参数的组合视为遗传基因，通过淘汰、交叉、突然变异等方法不断进行类似遗传进化排列组合探索方式

总结

▷ 超参数是可以决定模型大致形态的参数。

▷ 注意欠学习和过学习。

▷ 存在自动确定超参数的方法。

20 主动学习

机器学习有监督学习执行的过程中，需要为训练数据附加大量标签。一般情况下，为训练数据增加标签可能会花费大量时间，如果能引入主动学习的话，就可以在不降低预测精度的前提下，减少训练数据的标签数。

◎ 制作带标签数据是一件非常复杂的工作

机器学习（特别是有监督学习）的执行过程中需要大量带有标签（正确答案）的数据，为数据增加标签是一件非常复杂的工作。为此，不能漫无目的地制作监督数据进行学习（被动学习），而是刻意精简训练数据来进行主动学习才更加高效。

读者可能对增加标签这件事在提高效率方面的重要性不是很有概念，让我们来举个例子吧。例如我们有"口袋妖怪"的各种角色，需要用机器学习来判断每个角色是哪一个角色。图片上有记录对应的正确信息，需要有人来一张一张地核对正确答案，并制作监督数据。这时，判定的人自然不得不将全部口袋妖怪的角色过目一遍，然后，再将正确答案通过键盘用一个一个按键将800多个口袋妖怪的对应结果输入到系统中，由于键盘上没有800个键，还要用复杂的组合来表示，非常浪费时间。所以高效地输入监督数据是一件非常重要的事情。

■ 能降低增加标签时间成本的主动学习

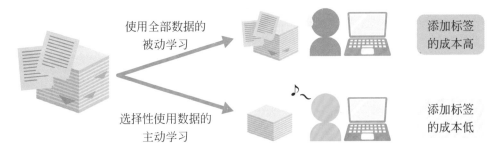

● 选择标签的基准

经过确认，高效制作监督数据，需要将大量应该增加标签的数据进行严格选择。那么，应以何标准进行严选呢？

答案就是，创建一个模糊的标签。比起区别鲜明的大量数据，对区别不那么大的数据标签进行训练更能提高精度。这件事如果结合人类的学习活动就非常好理解了。

在此基础上，我们用第2节中使用过的A店派和B店派的例子进行说明。如下图所示，除了A店派和B店派（有标签数据）的分布之外，还有不知道是哪个店派（无标签数据）的分布。左图仅仅为有标签数据划定派别界限。最高效的提高界限精度的方法，是将派别不明的家庭中距离界限最近的家庭选中，确定其究竟属于哪个派别（增加标签），因为给区别一目了然的家庭（与AB店之间距离区别非常明显）增加标签也很难增加界限的精度。

■ 监督数据选择"模糊的"数据

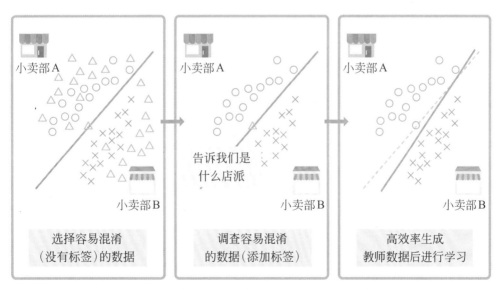

○：A店派（有标签）　　×：B店派（有标签）　　△：派别不明（无标签）

○ 增加标签的操作方法

　　主动训练，是依赖学习者（learner）、判定者（oracle）和提问（query）这三个用语来表现的。进行训练的是学习者，判断数据是否与正确标签对应的是判定者，学习者对判定者进行询问，这是训练的流程。此外，学习者是机器学习系统，判定者是人类，进行询问实质上就是贴标签的行为。

■ 三个用语

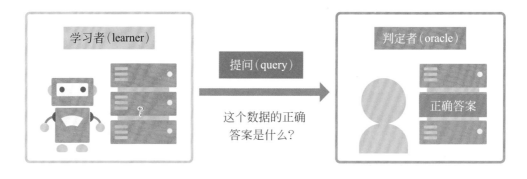

　　流程基本了解之后，我们来介绍三种能够给数据增加模糊标签的代表性方法。

　　（1）membership query synthesis

　　该方法会在制作出模糊的数据后，对判定者进行询问。比如，手写数字图像上确认后类似于1和7，就生成一个位于1和7中间的手写数字图像，然后向判定者询问正确标签。

　　（2）stream-based selective sampling

　　该方法为找到一个还没增加过标签的数据，如果这个数据是模糊的，那么询问正确标签，没有询问的数据就予以废弃。

　　（3）pool-based samping

　　该方法是将大量没有标签的数据全部模糊处理后，统一选为训练数据的正确标签。

■ 增加标签数据的操作方法

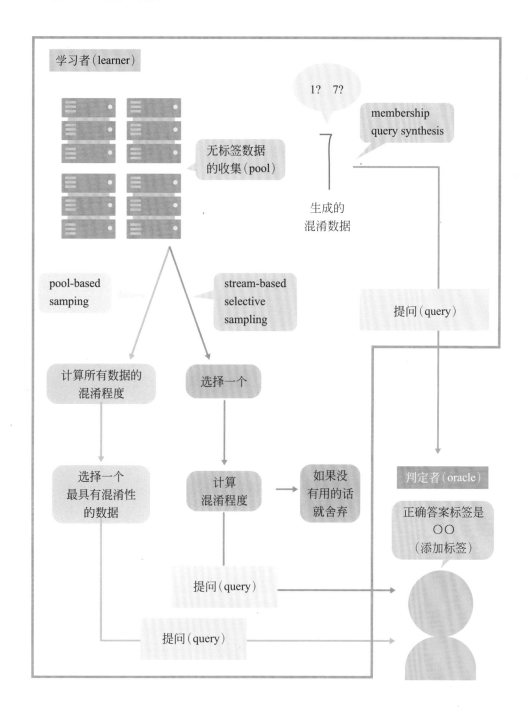

学习者（learner）

1?　7?

membership
query synthesis

无标签数据
的收集（pool）

生成的
混淆数据

pool-based
samping

stream-based
selective
sampling

提问（query）

计算所有数据的
混淆程度

选择一个

选择一个
最具有混淆性
的数据

计算
混淆程度

如果没
有用的话
就舍弃

判定者（oracle）

正确答案标签是
○○
（添加标签）

提问（query）

提问（query）

机器学习的过程和核心技术

3

21 相关和因果

通过数据推导出相关关系相对而言比较简单，而推出因果关系就非常难了。在利用数据进行机器学习的过程中，这两种关系的区别非常重要。本节除了讲解两者的不同之外，还会从数据出发，分析因果关系的使用方法。

◉ 相关关系和因果关系

首先了解一下相关关系吧。所谓相关关系，即"某一个变量变大的时候，其他变量也会变大""某一个变量变大的时候，其他变量也会变小"这样的关系。前者是正相关关系，后者是负相关关系。比如，身高高的人基本体重都会相对重一些，所以身高和体重是正相关的关系。因果关系是"让某个变量变化后，另一些变量也会发生变化"的关系。因果关系和相关关系可以理解为两种截然不同的概念，"身高较高的人体重较大"这种相关关系中，"身高增加后体重也会增加"这种因果关系就有可能是正确的。而"体重增加后身高也会增加"就不一定是因果关系了，因为有可能体重增加后，身高并不会增加，只是一味地变胖而已。统计学（或者机器学习）中，可以进行相关关系的分析，但是不能根据相关关系就武断地推导出因果关系。

■ 相关关系和因果关系

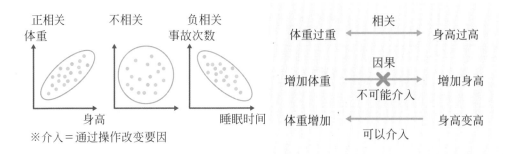

※介入＝通过操作改变要因

○ 疑似相关

所谓疑似相关，就是本来没有因果关系的两个要素之间，由于不可见的外部原因的影响，导致产生了有因果关系的假象。这个看不见的外部重要因素被称为"共通因子""共通变量""共变量"。比如，"滑雪的人多的时候买取暖用品的人也多"就属于疑似相关关系，此时的干扰变量应该是气温，如果气温很低的话，购买取暖用具应该就会变多，另外气温下降后降雪量就会增加。其他的案例比如"小学生的数学测试成绩和50米短跑时间"的关系也很可能是一种疑似相关，这种情况中共通变量是年级，年级升高的话计算能力上升了，而50米短跑成绩会上升也是必然的。

但是，像"滑雪的人增加时取暖用具的需求量增加""计算测试的成绩上升的话50米短跑成绩也会提高"，为其强制增加的因果关系似乎是一种误解。

■ 疑似相关

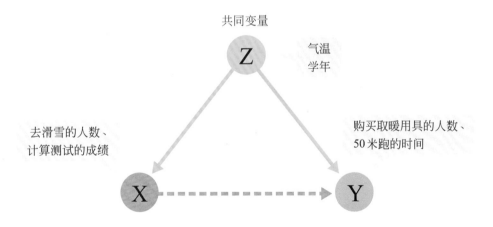

○ 不被疑似相关蒙蔽的因果分析方法

对数据执行因果分析的时候，可以参考下表的指导方针。其是在分析数据的结果时，作为原因的值和作为结果的值如果被判断有因果关系时参考用的。

这个指导方针，主要应用在生物学或医学的研究上，使用机器学习和统计学进行数据分析的时候也多会用到这个指导方针。

从相关关系中识别出因果关系的可靠的办法，就是试验。其中比较主流的方法是随机化比较试验，除了医疗领域，这种试验经常被称为A/B测试。比如，一个问卷调查的结果中，可以看出"早上吃早餐"和"成绩"之间有非常强的相关性。想要推导出"吃早餐的话成绩就会上升"，就需要将早上吃早餐分组（干预组）和早晨不吃早餐分组（比较组）进行随机分配前提下，对比试验两组参与者是否存在成绩差距。此外，早晨吃早餐与否以外，各个分组的特征必须要一致。只有这样才能观察出"原因"的变化是否会导致"结果"的出现，从而达到随机化试验的目的。

■ 因果关系的指导方针

1	坚固性	"原因"和"结果"之间的强烈关系是否是通过数据（统计）得知
2	一致性	观察对象、证实的手段变更后是否结果还会一致
3	特异性	"原因"之外的因素和"结果"的相关性、"结果"以外的要素和"原因"的相关性不强。只有"原因"和"结果"的相关性格外强
4	时间先行性	"原因"发生之后"结果"才发生
5	量-反应关系	"原因"的数值增大后，"结果"的数值也会单调上升
6	合理性	合乎各领域（例如生物学、医学）的常理
7	整合性	和以往的知识不相矛盾
8	试验	存在支持观测到的关联性的相关试验研究（特别是动物试验）
9	类似性	是否与已经确立的因果关系有相类似的关系

在很难进行试验的场合，可以使用迄今为止持有的数据，来进行近似于试验的分析（疑似试验），其中一种就是回归分裂设计。这种方法利用的是分界线前后"原因"之外的要素基本不会发生改变的思路，这是为了再现只有"原因"在发生变化，观察"结果"的随机化比较试验。下图我们取横轴为年龄，纵轴为外来患者数量的对数，可以发现以70岁为界医院的外来患者数量增加了。而且，自己负担医疗费的比率，在超过70岁之后就会从三成变成两成，除此之外的要素在70岁前后的变化都不大。我们可以仅仅改变患者负担医疗

费比率（"原因"）来观察外来患者数（"结果"）。

　　类似的手法是离散时间序列设计。这种方法利用的是时间轴数据，将横轴表示为时间，某一时间点因为"原因"的变化来观察变化（比如消费税会影响消费活动）时会很有效。

■ 回归分裂设计

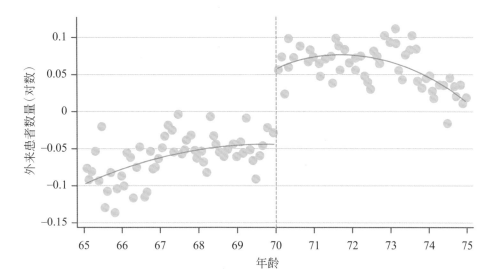

参考：SHIGEOKA H. The effect of patient cost sharing on utilization, health, and risk protection[J]. American Economic Review, 2014, 104(7): 2152-2184.

 总结

▷ 相关和因果分开考虑，分别考虑合适的方法。

22 反馈回路

机器学习系统中必须要给予注意的问题是，系统的运行无法被完全控制。模型随时更新的系统可能会有反馈回路，存在可能产生无法预知动作的情况。

◎ 机器学习系统的陷阱

使用机器学习的系统中，存在一个巨大的陷阱，那就是仅仅靠代码是无法规定好系统的运行方式的。机器学习首先必须要有数据支撑，系统的运行与数据之间有着密不可分的关系，因此如果将包含错误的数据进行了训练，模型的输出数据很有可能不是我们想要的。除此之外，机器学习系统的任何要素发生变更，都会改变其余所有要素。（Changing Anything Changes Everything，CACE），也就是说常常会出现顾此失彼的现象。这里举一个例子，我们输入寿司的图像数据，训练一个能识别寿司主材的模型。这个过程中，当模型对于特定的主材（比如金枪鱼）的判断精度不高的时候，我们可以调整机器学习模型的参数，也可以添加金枪鱼的照片。可就算此时模型对于金枪鱼的识别精度变高了，也并不能保证模型对其他寿司主材的判断精度也会提高。所以在针对性训练某一种主材的时候应该充分考虑这种行为会造成模型对其他主材的识别率降低的情况。对机器学习来说，模型的内容就是一个黑箱子，对其运行的监视必不可少。

■ CACE

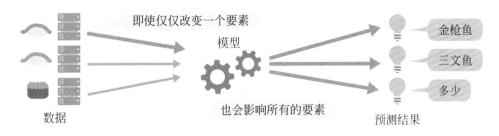

即使仅仅改变一个要素

模型

数据 也会影响所有的要素 预测结果

金枪鱼

三文鱼

多少

⬤ 反馈回路

根据观测到的数据随时更新模型的机器学习系统，经常被用于开始前很难预测运行方式的环境。特别需要注意的是反馈回路。所谓反馈回路，是指系统的运行会受到环境的影响，未来观测到的数据会由于环境的影响而发生变化的现象。在系统运行变化最快的时候和最频繁的场合，提取运行的变化值相对来说比较简单。而在系统运行变化慢的、频率低的场景下，检测运行的变化就会比较困难。

最直接的反馈回路案例就是预测警戒。预测警戒是将过去的犯罪数据投入模型学习，对预计会发生犯罪事件的重点场所进行重点警戒的警戒方法。因为警察会在犯罪高发的重点场所进行巡逻，所以在这些场所中案件被发现的数量就会上升。因此犯罪数据积累就会更多，从而对于该场所的警戒就会变得更加严格。这充其量就是验证偏置（单方面大量收集证实假说的信息，而对其反例视而不见）自动化程序而已。

■ 直接性反馈回路

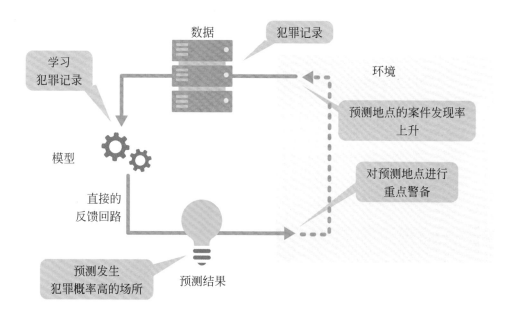

3

机器学习的过程和核心技术

◎ 隐式反馈回路

比直接反馈回路更为棘手的，是间接反馈回路，即所谓的隐式反馈回路，一般在独立的多个机器学习系统中遇到。

让我们假设证券公司A和B分别采用了基于不同机器学习的交易系统，这两个交易系统都可以获取最新交易信息并以此来训练，随时更新自己的模型。然而，A公司的系统中存在bug，导致该系统会进行损己利人的交易。如此一来，本来不会发生的交易数据就会被B公司的系统学习，导致B公司的系统也进行了这种不如人意的操作，然后B公司的交易数据反过来又被A公司系统学习，A公司的系统继续发生这种操作。像这样，虽然系统相互独立，但是由于环境的影响，间接导致反馈回路的发生的事件也偶有发生。

■ 隐式反馈回路

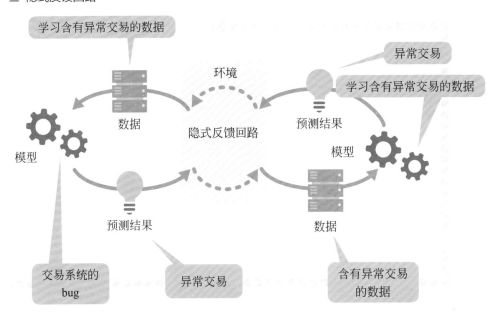

✎ 总结

▷ 要关注系统运行的变化。

第4章

机器学习算法

从本章起，将会对机器学习现场经常使用到的算法及其原理进行简单介绍。尽管会用到数学知识，但是大多数都是稍微思考便可以理解的。那么就让我们开始学习吧。

23 回归分析

谈到回归,大家可能都会想到"给数据画上最符合其趋势的线"吧。为了达到这个目的,我们有以下几种方法,比如单回归、重回归、多项式回归、低通回归,本节将对这几种方法进行讲解。

○ 单回归和最小二乘法

单回归,即用直线表示一个原因和一个结果之间的关系。比如,我们设想一个在弹簧上悬挂砝码(重量为x)后测量弹簧长度(y)的实验。把作为原因的砝码重量x命名为说明变量,作为结果的弹簧长度命名为目的变量,将试验结果在坐标系中用点(x, y)来表示。多项式$y = \bigcirc x + \triangle$是坐标系中以$\bigcirc$为斜率(系数),以$\triangle$为截距的直线,用一条直线来绘制数据点的趋势,以求最合适的$\bigcirc$和$\triangle$。"数据点的趋势"可以理解为直线和数据距离的合计最小。弹簧长度为20.5cm的时候,理论长度应该是20cm,这时候误差就是(y的实测值)-(y的理论值)=20.5-20=+0.5。实测值是19.8cm的时候,误差是-0.2。此时,考虑误差的合计的时候,需要将正负号进行抵消。本例为了简化计算,用误差的平方和来计算"误差合计"。这样的话,计算误差合计的误差函数(损失函数),即计算误差的平方和最小化的方法,就叫做最小二乘法。

■ 单回归

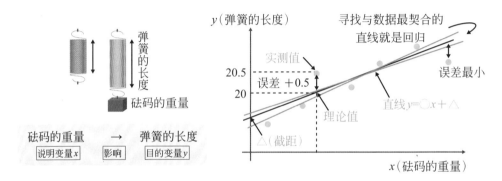

◎ 重回归

　　使用重回归的时候和单回归不同，主要考虑多个原因（说明函数）同时存在的情况。举个例子，小卖部营业额的说明变量需要考虑包括店铺面积、与车站的距离、停车场的大小、售货员的人数等方面。将这若干个说明变量定为 x_1，x_2，x_3，$\cdots$，令 $y=\bigcirc x_1+\triangle x_2+\square x_3+\cdots+\bullet$，求其中最优的系数 $\bigcirc\triangle\square\cdots$ 和 $\bullet$ 就是重回归。将这个式子在平面上表示，系数是说明变量的影响强度，即所谓权重（weight），用 w 表示。此时需要注意的是多重共线性，即，如果将如降水量和降水天数这样的相关性很强的二者都纳入说明变量的话，是不会得到正确的回归结果的。若要回避多重共线性，关键是要把相关性强的说明变量组合中的一个去除。

■ 重回归

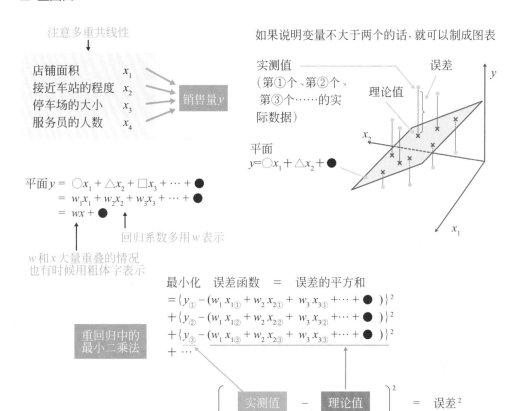

多项式回归

当数据之间关系不是直线的时候，说明变量就需要考虑二次方、三次方……此时，求多项式$y=\bigcirc x^1+\triangle x^2+\square x^3+\cdots+\bullet$中最优的系数$\bigcirc\triangle\square\cdots\bullet$，就是多项式回归。数学式的最大次方数就是多项式的次数。次数增加后，曲线就会变得愈发复杂，回归结果的曲线会不稳定，这个问题必须要注意。如下图中，次数为300的曲线就变得不安定，发生了过学习。

■ 多项式回归

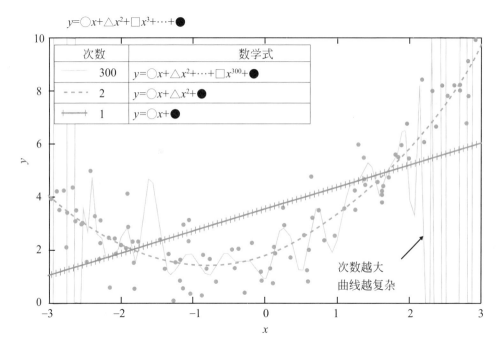

参考：GÉRON A. Hands-on machine learning with Scikit-Learn and TensorFlow: concepts，tools，and techniques to build intelligent systems. Sebastopol: 0′ Reilly Media，2017. 中的图4-14。

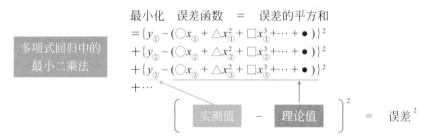

◎ 鲁棒（健壮）回归

　　最小二乘法的缺点，就是存在偏离值（和其他值相比明显不同的值）的时候回归结果会偏离目标。因为要用最小二乘法计算误差的平方，如果误差过大的话，对误差函数造成的影响相应也会增大。所以，想要降低偏离值影响的时候，需要用鲁棒回归。

　　RANSAC（random sample consensus）是鲁棒回归中具有代表性的方法之一。所谓RANSAC，就是随机抽出数据进行回归，来求得正常数据的比例，然后不断重复这个过程，将正常数据比例最高时候对应的直线作为回归直线。除此之外，还有使用Theil-Sen估计（Theil-Sen estimator）的方法或者使用Huber损失的方法。

■ 鲁棒回归和其具体方法

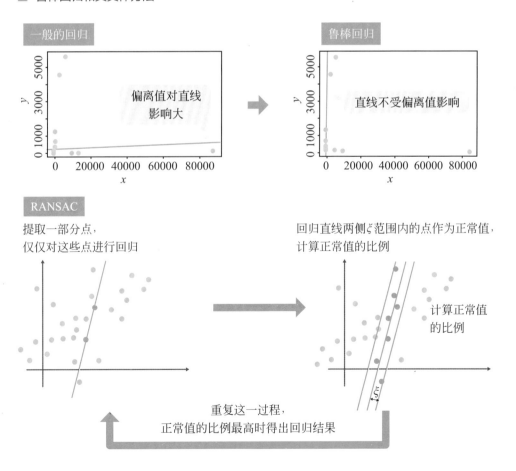

◉ 抑制过度学习的正则化

上文所讲的重回归中，说明了存在强相关说明变量的组合时回归就不会正确进行。虽然有很多因素都会对结果造成影响，但是也不能什么都当成说明变量。除此之外，多项式回归中，说明变量的一次方、二次方、……、300次方的回归会对回归结果曲线造成不安定影响。以上所说都是在科学选择说明变量时产生的现象。单纯使用最小二乘法，会导致变量选择错误，回归系数○△□…出现变大的倾向。回归系数变大，则说明变量x一旦有微弱变化就会对预测结果y产生巨大的影响。为了防止这种情况发生，我们导入了处罚项（正则化项），有了处罚项，"回归系数过大就会受到相应的惩罚"。

简单的最小二乘法中，目的是将误差函数的误差的平方和构成的误差函数最小化。说明变量的选择方法如果不合适，简单的最小二乘法的回归系数就会变大，此时增加处罚项可以让变大的趋势停下来。具体来说，是将误差函数定义为误差的平方和+处罚项，用最小二乘法为这个误差函数求最小值（正则化最小二乘法）。回归系数变大的话处罚项也会变大，使用正则化最小二乘法，误差可以被尽可能降低，同时回归系数又不会变得过大，如此则可以实现预测结果稳定化的目标。

■ 正则化最小二乘法

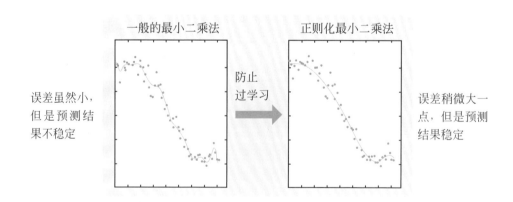

处罚项的制作方法大致分为两种。第一种是以回归系数的绝对值的和为基准（L1 正则化），另外一种是以回归系数平方和为基准（L2 正则化）。使用 L1 正则化进行回归，可以让不太重要的说明变量的回归系数为零，因此只有真正重要的变量才会在回归中发挥作用，另外，在关于"哪个变量更重要"的问题上，也能给使用者一个直观的印象。另一种 L2 正则化在误差函数最小化方面的计算比 L1 正则化更简单，但是没有让回归系数正确的归零的功能。请注意，一般情况下 L2 正则化的预测性能更高一些。

线性回归中，L1 正则化一般被称为 Lasso 回归，而 L2 正则化则被称为 Ridge 回归，而同时使用 L1、L2 两种正则化的时候被称为 Elastic Net 回归。请注意，即使在神经网络（参考第 34 节）中，也会使用 L1 正则化或者 L2 正则化来抑制过度学习。

■ L1 正则化和 L2 正则化

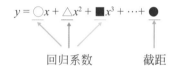

$$y = \bigcirc x + \triangle x^2 + \blacksquare x^3 + \cdots + \bullet$$

回归系数　　　　截距

例：$y = x + 2x^2 - 3x^3 + 4$ 的
　　回归系数是 1、2、-3，截距是 4

线性回归的情况：
Lasso 回归：L1 正则化
Ridge 回归：L2 正则化

L1 正则化

· 以回归系数的绝对值的和为基准
· 没有用的变量不使用
例：$|1| + |2| + |-3| = 1 + 2 + 3 = 6$

L2 正则化

· 以回归系数的平方和为基准
· 最小化的计算很简单
例：$1^2 + 2^2 + (-3)^2 = 1 + 4 + 9 = 14$

✎ **总结**

▷ 回归分析包括单回归、重回归、多项式回归。
▷ 偏离值很多的数据，使用鲁棒回归很有效。
▷ 使用正则化来抑制过度学习（Ridge 回归、Lasso 回归等）。

24 支持向量机

支持向量机是将界限画到了离数据最远的地方的一种手法，这种方法在深度学习大潮中无人问津，却是机器学习中的主流方法。内核法是画出曲线界限的方法。

● 支持向量机是什么

支持向量机（support vector machine，以下简称SVM），是有监督学习中回归、分类、偏离值检出方法之一。

实际上，SVM的思路是我们已经学习过的知识了。第2节中，两个小卖部派别分类的案例中，我们将结果以距离数据点最远的距离为基准画线的分类方法，其实就是SVM的基本思路。

机器学习的方法论中，说明变量常常被称为输入或者特征量。所谓特征量，就是"最能表现数据特征的量"。而作为结果的变量（目的变量）则被称为输出。

所谓支持向量（矢量），是指距离边界最近的数据点。为了防止新输入的数据被误判定，距离边界较近的数据需要尽可能离边界远一点，这一点非常重要。支持向量和边界的距离叫做间隔，SVM的目的就是让间隔最大化。如果有三个特征量，就能用简单的图示来表达SVM的结构了。一个一个的数据用点来表示，边界则是特征量的数量，如果是两个的话就用二维平面上的直线，是三个的话就用三维空间上的平面来表示。

进而，特征量数量为四个以上的时候，就必须考虑四维甚至更高空间，此时便无法进行直观的图示了。像这种四维以上空间的分类边界，叫做超平面。

■ SVM

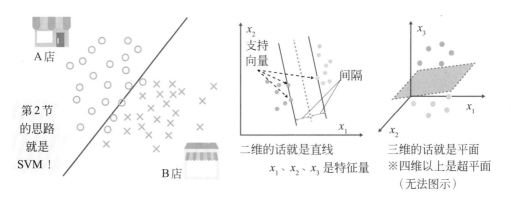

二维的话就是直线
x_1、x_2、x_3 是特征量

三维的话就是平面
※四维以上是超平面
（无法图示）

◎ 软间隔SVM

　　SVM中直线、平面、超平面作为边界将数据分离，这种分离叫做线性分离。但是实际情况中，线性分析的情况很少见。这也是因为存在由于某种干扰导致边界线不明确的情况，或者数据的形式导致无法线性分离的情况，这些情况下使用的方法就是软间隔SVM和内核法。

　　所谓软间隔SVM，就是容忍误差的存在，以便更好地进行线性分离，也就是使用"扔掉可惜"的数据。和SVM（硬间隔SVM）不同，软间隔SVM允许数据进入其间隔之中（另一侧也可以）。但是，数据进入间隔中会被惩罚，在同时追求间隔最大化和惩罚最小化时，寻找能够将数据分离的最为完美的边界。数据中存在干扰是非常常见的事，实际使用的机器学习基本都是软间隔SVM。

■ 软间隔 SVM 的特长

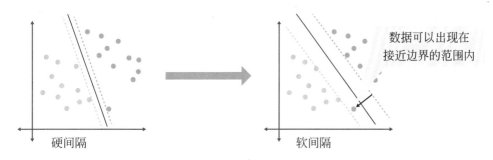

数据可以出现在接近边界的范围内

硬间隔　　　　　　　　　　软间隔

○ 内核法

接下来讲解内核法。内核法主要应用在派别边界为曲线（非线性）的情况下。派别边界为曲线时，必须从数据中提取新的特征量，绘制能够满足线性分离可能的图，这个工作表现为"映射到线性可分离的高维特征空间"。例如A店和B店的派系中，盆地居住的人是A店派，不在盆地居住的是B店派，此时，在平面地图上，以经度和纬度为特征量，A店派就会被B店派包围，线性分离就是不可能完成的任务。但如果我们追加一个标高特征量的话，数据点就会被从平面地图映射到三维地图，派别的线性分离就又可以实现了。将这个结果再返回平面地图，就能实现类似非线性分离的结果了。实际数据中，我们必须从数据已有的特征量中，创造出可以进行线性分离的特征量。指定这个创造方法就是我们所说的内核函数。内核函数包括高斯（RBF）内核和多项式内核。降低内核函数计算量的工作，被称为核技巧。

■ 映射到线性可分离的高维特征空间

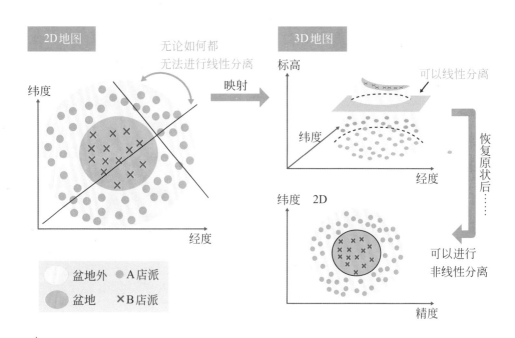

到此为止，可以举出的SVM的优点主要有4个：① 在特征量非常多的情况下很有效；② 特征量的数量比数据量的数量还要多的情况下有效；③ 由于划定边界直线、平面、超平面（超过二维平面的次方可以一概而论）的时候只需要考虑离边界最近的点，所以在数据量非常大的情况下，有助于节约内存；④ 由于可以使用各种各样的内核函数，输出的结果也多种多样。

缺点主要涉及以下3点：① 数据量多的时候计算非常耗费时间；② 特征量数量大于数据量的情况，可能会由于核函数的选择方法导致过学习；③ 如果遇到"属于那个派别的概率"的问题一般无法解决。

SVM除了分类，也会在部分回归的场景上有所建树。利用SVM进行的回归被称为支持向量回归（SVR）。软间隔SVM的目的是使间隔最大化、惩罚最小化，将这些替换成使用正则化最小二乘法的回归后，会怎么样呢。这相当于间隔最大化是惩罚项最小化，惩罚最小化是误差最小化。在SVR中，间隔内误差被认为是0，除此之外的数据误差则是与边缘的距离。还有一种方法叫做One-Class SVM，它通过SVM确定正常值和异常值之间的边界，这种方法用于检测偏离值。

■ SVM 的应用

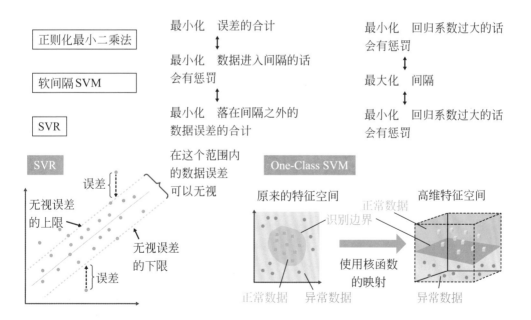

25 决策树

决策树，即根据回答YES或者NO的条件来进行预测的方法。因为这种方法比较接近人类的思考流程，所以结果也比较好理解。

● 决策树是什么

在决策树中，条件的部分被称为Node（节点），最上边的条件部分被称为根节点，决策树的分类中末端的部分被称为叶Node，决策树的一部分也作为树的一部分的叫做部分树。

决策树是直接根据特征量的值来定义条件的，所以得出的结果通常是死板的。比如我们思考将气温和湿度作为特征量，将舒适和不舒适作为分类目标来制作决策树。气温在15～25℃，湿度在40%～60%的时候比较舒适，其余状态都不舒适。决策树特征量的图如在右边页面的上段图所示。决策树针对特征量的值定义条件为单纯的"Yes或者No"，所以图中特征量轴是无法作垂线的（因为不能斜着画），因此，学习结果常常是非常不精细的。回归也是同样，会得出粗糙的结果（右页中段的图）。

■ Node

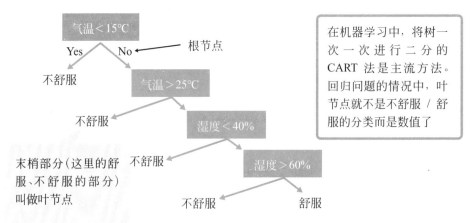

在机器学习中，将树一次一次进行二分的CART法是主流方法。回归问题的情况中，叶节点就不是不舒服／舒服的分类而是数值了

■ "不精细"的学习结果

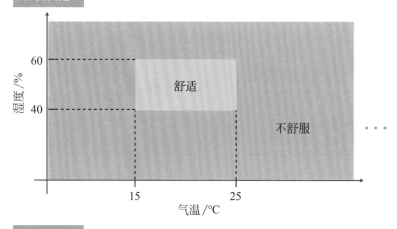

分类问题

回归问题

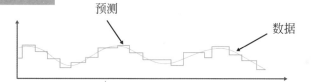

仅由垂直直线构成，所以变化会很突然

下面让我们来对比决策树的优缺点。

■ 决策树的优缺点

优点	缺点
• 表现出条件分支 →可以简单地理解和解释学习结果，不会像深度学习一样变成黑箱子 • 数据的预处理比较少 • 即使数据量很大，预测所需要的计算量也会很少 →适合大数据的处理 • 数值数据或者类别数据两者都可以使用 • 由于进行了统计学测试，所以预测模型的可信性很容易确定	• 对于某些数据条件分支容易变得过于复杂，从而导致过学习 →需要花费功夫防止过学习 • 数据稍有变化就可能生成完全不同的决策树 • 生成最符合要求的决策树的问题叫做NP完全，非常难以求解。现在都是输出近似解（比较好的决策树） • 数据中的派别（类别）的比例需要求平均 ※使用协同学习的话，可以改正很多决策树的缺点

◎ 分割决策树的基准

　　决策树的学习，基于"分割的工整程度"不断对数据进行分割。"分割的工整程度"所表示的数值，有信息熵和基尼不纯度。无论哪一种，值较大的时候表示混杂着大量的不纯物，值较小（接近0）的时候就可以整理得非常好。此外，基尼不纯度是一个小于1的值。

　　下面就让我们来看看具体案例。将如下 **148cm**、**157cm**、**158cm**、162cm、**164cm**、**168cm**、172cm、176cm、180cm、184cm（粗体是女性，其余是男性）的身高数据，按照某一个值以下是女性、某一个值以上是男性的标准进行分割。直观上来看，170cm就是这个标准。

　　下表是"男女身高和其分界位置"，列出了148cm到184cm的数据，以某一个值为分界将数据分为两类，某一值以下是女性组，某一值以上是男性组。按照这种方式分类，表中给出左右的分类指标（信息熵和基尼不纯度）的相应值。这些指标的加权平均值列示在最右一列，指标接近于零的时候是分类最为工整的时候，故到168cm是女性组、172cm是男性组边界时是最为优秀的。

■ 所有数据数

左侧分组 人数 男	女	指标 信息熵	基尼不纯度	男女身高和分界位置（粗体是女性，其余是男性）										右侧分组 人数 男	女	指标 信息熵	基尼不纯度	左右指标的加权平均 信息熵	基尼不纯度
				148	157	158	162	164	168	172	176	180	184						
5	5	1.000	0.500	分类前														1.000	0.500
0	1	0.000	0.000											5	4	0.991	0.494	0.892	0.444
0	2	0.000	0.000											5	3	0.954	0.469	0.764	0.375
0	3	0.000	0.000											5	2	0.863	0.408	0.604	0.286
1	3	0.811	0.375											4	2	0.918	0.444	0.875	0.417
1	4	0.722	0.320											4	1	0.722	0.320	0.722	0.320
1	5	0.650	0.278											4	0	0.000	0.000	0.390	0.167
2	5	0.863	0.408											3	0	0.000	0.000	0.604	0.286
3	5	0.954	0.469											2	0	0.000	0.000	0.764	0.375
4	5	0.991	0.494											1	0	0.000	0.000	0.892	0.444

◎ 修剪（剪枝）

如果决策树的分支继续细化，就要减少叶节点中混杂的不纯物，训练精度会因此提升。只是，因为决策树会引起过学习，需要让决策树的分支"适当"。特别需要注意的是，特征量多的情况下分类树会变多，决策树会趋向于变得非常复杂。为了防止过学习，发明了一种限制分类层数、限制必须分类的数据数的下限的一种简单的方法——修剪。

修剪，是防止决策树过学习很有效的一种方法。使用最为广泛的是被称为事后修剪（post-pruning）的一种方法，主要是用训练数据刻意使决策树发生过学习，然后再用检查数据来将导致性能恶化的决策树分支剪除。利用这种方法，可以达到防止过学习、提高预测能力的目的。这种简单的方法被称为REP（reduced error pruning），如果精度没有下降的话，就可以用占比高的派别（class）的叶Node来替换。成本复杂度剪枝（cost-complexity pruning），一边可以保证部分树的叶Node的数量（复杂度）不会变大，另一方面还可以减少叶Node中混入的不纯物（成本）。

■ 修剪

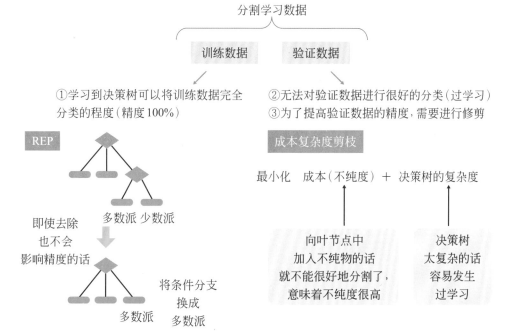

26 协同学习

所谓协同学习，是指学习器由多个组合形成一个学习模型的方法。"三个臭皮匠顶个诸葛亮"就是协同学习基本思想的真实体现。

◎ 协同学习

　　所谓协同学习，即并不追求直接建立一个高精度的模型，而是建立大量低精度模型，然后将其合体，从而达到建立高精度模型的目标。低精度模型一般使用弱学习器进行学习。弱学习器虽然不能够对复杂模型进行训练，但是训练速度很快，训练和预测都可以在短时间内完成。最常使用的学习器就是前面章节学到的决策树，但是进行协同学习的时候，决策树的分类总是会过早终结。学习过的决策树的构造，从个体来看是不优秀的，但是，如果将很多这种"虽不中，不远矣"的决策树集中起来的话，也能实现很高的精度。

■ 协同学习

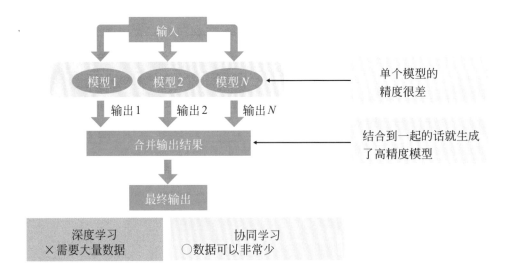

◉ 实现协同学习的三个方法

协同学习中，综合多个模型的预测结果可以确定最终预测结果，那么怎样获得最终结果呢？第一种方法是"多数决定"，这种方法主要在分类的场景下使用，将出现最多的预测结果作为最终预测结果。第二种方法是"平均法"，在回归和分类概率计算的场合使用，这种方法将全部预测结果取平均值作为最终预测结果。第三种方法是"加权平均"，是"平均法"的改进形态，这种方法需要提前决定预测结果中哪些结果比较重要，根据这个重要程度来求平均。下例中，我们设想有5个人在影评网站上对一部电影进行打分，并预测最终评价值。多数决定法最终评分为4，平均法最终评分为4.4。最后一种是加权平均法，我们设定A和B是狂热的电影爱好者，对电影的鉴赏能力非常强，所以他们的评分对于电影口碑来说比较重要，这种情况下电影的最终预计评分为4.41。

■ 3个方法

多数决定

A先生	B先生	C先生	D先生	E先生	最终评价预测
5	4	5	4	4	4

平均法

A先生	B先生	C先生	D先生	E先生	最终评价预测
5	4	5	4	4	4.4

加权平均

	A先生	B先生	C先生	D先生	E先生	最终评价预测
重要度（权重）	0.23	0.23	0.18	0.18	0.18	
评价预测	5	4	5	4	4	4.41

◎ Bagging

协作学习大致可以分为两种方法。

一种是Bagging（bootstrap aggregating 的简称）。Bagging使用了bootstrap法，从全部数据中分出了多个训练组数据。所谓Bootstrap法，是指从母集合中重复随机取出数据（多元提取）的方法。根据一组一组的训练数据准备好对应的模型进行学习，得出多个预测结果后进行最终预测。过学习模型的预测结果中包含干扰（观察误差等）的影响，但是随机抽出多次生成训练数据的学习后，可以生成异于受到干扰影响的模型。此外，使用多个预测结果来抵消干扰的影响，还有降低预测值的方差（预测值的分散程度）的效果。Bagging可以在建立多个模型后同时进行学习，并行处理的好处就是可以降低学习时间。此外，不进行多元抽出的方法被称作起搏。

■ Bagging

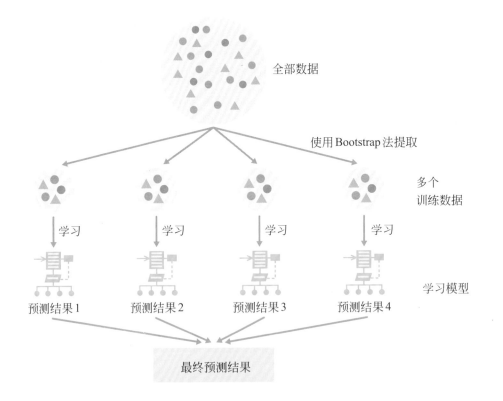

108

○ Boosting

第二种方法是Boosting。Boosting（此处代指AdaBoost）首先将训练数据在第一个模型中学习，并将预测结果与实际值进行比较。在下边的模型进行学习的时候，将错误的部分以正确识别为前提对学习过一次的数据进行着重学习。前边的模型中错误的学习数据，在以后的模型中会被进行着重学习，不断建立新的模型。在对这些模型的预测结果进行考量过程中，进行最终预测。Bagging通过让多个模型同时进行学习来实现并行处理，Boosting则是让一个模型的学习结果在下一个模型上应用，这种方法无法做到并行处理，因此学习时间就会延长。本节讲解中应用的AdaBoost常用于二类分类中，进行三类以上分类也使用同样技术的时候，这种方法被称作SAMME（stagewise additive modeling using a multiclass exponential loss function）。

■ Boosting

```
总结
```

▷ 协作学习主要包括Bagging法和Boosting法两种。

27 协作学习的应用

前边小节中介绍了协作学习的基本原理。协作学习的主要应用包括随机森林法、堆叠法和坡度提升法。

● 随机森林法

随机森林法的构造基本和Bagging一致，但有一点不同，那就是决策树产生分支的特征量也是随机抽取的。这是为了防止决策树产生相关关系（与决策树的理念一致）。存在对预测结果造成强烈影响的特征量的时候，这个特征量就会在很多决策树中的分支上存在。如此，很多决策树就会变得类似，预测精度就很难再有提升了。此外，决策树之间有相关关系的场合，不良模型也倾向于给出相同的回答。使用多数决定法或者平均法的协作学习时，如果有很多不良模型都给出同样结果的话，情况会非常不妙。

■ 随机森林法

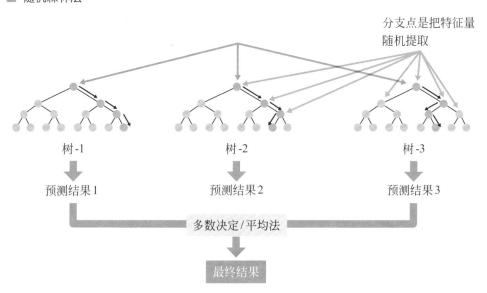

分支点是把特征量
随机提取

树-1　　　　　　　树-2　　　　　　　树-3

预测结果 1　　　　预测结果 2　　　　预测结果 3

多数决定/平均法

最终结果

◉ 堆叠法

　　堆叠法的学习阶段一般分为两个阶段。第一阶段和Bagging一样，利用Boosting法得到的数据对各个模型（例如逻辑回归、随机森林等）进行学习，各个模型得出预测结果。接下来的第二阶段，将第一阶段的预测结果作为输入对模型进行训练。第三阶段和前边的情况一样，将前一阶段的预测结果作为输入进行学习。第二阶段以后的模型都是学习前一阶段的预测结果，实质上都是在学习"前面阶段的模型哪一个更准确"。因此，数据的偏移导致的偏差和数据的分散造成的方差都能很好地调节。如果用身边的实例来解释堆叠法的结构的话，就是几个人接力绘画的感觉。

■ 堆叠法

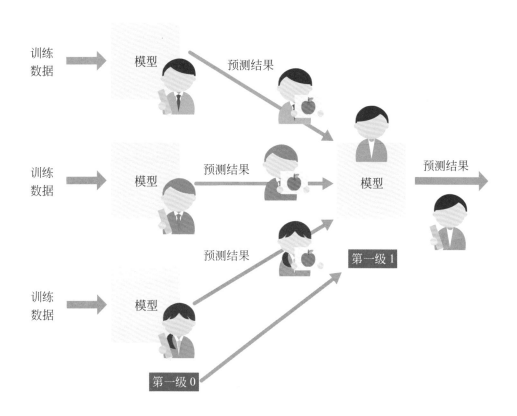

○ 坡度提升法

坡度提升法是利用决策树首先进行第一回合的预测。接下来，利用训练的数据集的正确数据和预测结果的差值，计算出误差（残差）。然后，将这个误差作为正确答案，使用决策树进行二次预测。计算预测结果和正确数据的差，再以这个差值为正确答案使用决策树进行下一次预测，不断重复这一过程。最终的预测结果的预测精度会达到第一次预测结果的数倍。根据这个倍数的变化，训练的最终结果也会发生变化，这一点需要注意。

根据所取得的误差，可以判断迄今为止的模型的学习结果是好是坏。为了能够修正误差，需要以误差为正确数据利用新的决策树进行预测，让预测精度较以前提高数倍。由此，新的模型就能修补以前模型的不足。

坡度提升法和Bagging不同，目标是减少偏差，由未学习状态开始进行学习。虽然依然有可能造成过学习，但是通过调节决策树的数量和层数，就可以有效预防过学习现象的发生。

■ 坡度上升法和坡度下降法的比较

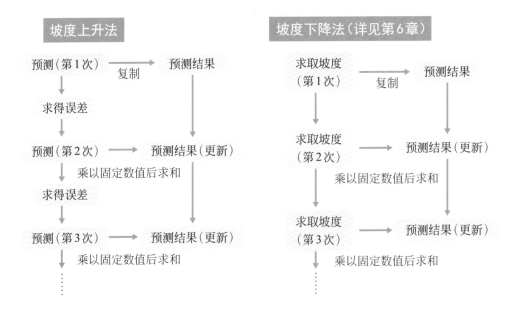

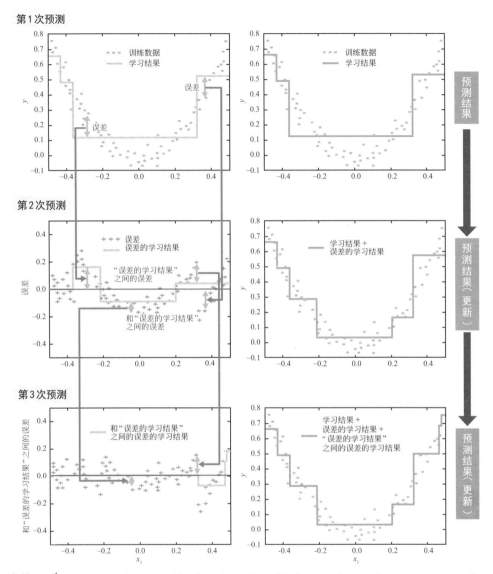

出处：GÉRON A. Hands-on machine learning with scikit-learn and tensorflow: concepts，tools，
and techniques for building intelligent systerms. Sevastopol: O'Relly Media，2017.

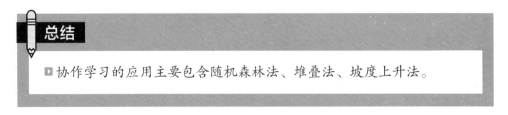

总结

▷协作学习的应用主要包含随机森林法、堆叠法、坡度上升法。

28 逻辑回归

逻辑回归由于带有"回归"，所以很容易被误认为是预测某个值，实际上它是主要应用在分类中的算法，结构也很简单，被广泛运用在计算yes/no的概率之类的场景。

● 逻辑回归一般应用于分类中

逻辑回归是有监督学习的一种，是主要应用于分类工作的一种算法。利用逻辑回归，可以计算并推测一位顾客是否会购买商品的概率。

实际上逻辑回归和第23节中介绍的"回归分析"一样，都是求取"一个数式最合适的系数（回归系数）"。此时根据利用的数式（函数）的不同，可以分为单回归、重回归、多项式回归、逻辑回归等不同回归方法。使用逻辑回归的函数被称为逻辑函数（Sigmoid函数）。逻辑函数如右页所示，是一条最小为0、最大为1的S形曲线函数。说明变量有多个的情况下可以使用逻辑回归，本节为了便于理解，以一个说明变量为例进行讲解。

比如用机器学习判断"某人是否得了感冒"。一般情况下感冒的人的体温会上升，那就以体温作为说明变量来判定吧。收集得感冒的人和健康的人的体温数据，在坐标系汇总作图，如右页中●和●所组成的图形。需要求取的是"某一个体温的人有多大概率得感冒"，但是实际上取得的数据是"究竟是不是感冒"这种二选一的结果，数据点的高度（概率）分别是0（=0%）和1（=100%）。这种情况用单回归或者重回归来说明数据比较困难，可以运用能说明概率数据的函数——逻辑回归来解决问题。逻辑回归和回归分析一样，通过求出使数据的误差函数变小的逻辑函数的回归系数来进行学习。

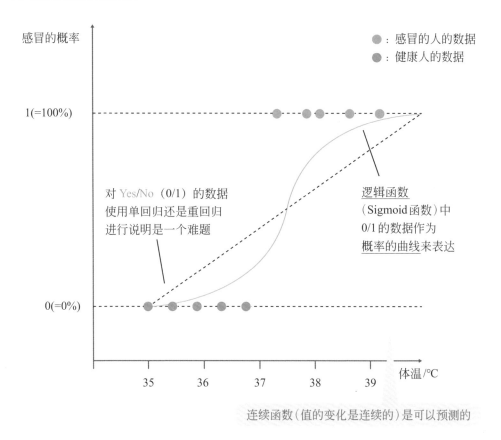

连续函数（值的变化是连续的）是可以预测的

通过学习获得的逻辑函数，进行数据分类的方法非常简单。比如想知道体温37℃的人得感冒的概率的时候，就在逻辑函数中输入37℃进行计算，计算出得感冒的概率为0.4（40%）。可以看出逻辑回归是一个非常简单易懂的算法，但是其还是有在非线性数据上性能低下的缺点的。我们再以感冒为例，有些人得感冒后体温反而会降低，这样的数据如果混入感冒患者和健康人群中的话，逻辑函数的判定就没有这么高效了。

 总结

▷ 逻辑回归主要计算的是yes/no的概率。

29 贝叶斯模型

贝叶斯模型，就是使用贝叶斯估计的模型。这种模型与我们前面所讲的方法不同，其通过使用贝叶斯估计，将不确定性纳入考虑范围进行预测。

◎ 最大似然估计和贝叶斯估计之间的区别

前面介绍过的方法，都是基于最大似然估计这一理论的。最大似然估计是为推测结果求取"最大似然值"的方法。换言之，就是求取"最正确"值的方法。回归分析中的单回归中，就是前文案例中求取砝码的重量（x）和弹簧的长度（y）数据点分布中的"最接近"直线。因为这条直线通过数学表达式 $y=○x+△$ 即可表达，所以求取"最接近"的直线本质上就是求取"最接近"的○和△的值。

但是，求取"最接近"的值这件事本身就意味着舍弃了"这个值有多接近""其他值有多接近"这些信息。因为单回归法是画直线，只要有两个数据点即可求取"最接近"的○和△的值。直观感觉上，数据越少分析的可信赖度（接近程度）就越低，但是最大似然估计这种方法无论是利用2个数据还是1000个数据得出来的○和△，最终也都不能知道"这组值究竟有多接近"。

为了解决这个问题，我们引出了贝叶斯估计。贝叶斯估计是把推测结果的"值"和"这个值发生的概率"组成一对（这一对数据叫做分布）的表示方法。如此一来，这个值的接近程度就很好理解了。进而，执行事先设定好"数值将会变成什么样子"的预计（事前分布），然后根据新的数据对事前分布进行修改（贝叶斯更新），修改后的分布被称为事后分布。由于预计并不基于数据而是基于主观推断，所以预测还能反映数据以外的知识。

■ 贝叶斯估计

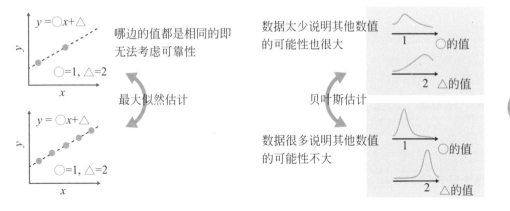

4

机器学习算法

🔵 贝叶斯定理

以上对于贝叶斯更新的使用，被称为贝叶斯定理，这是一种基于结果推理原因的方法。让我们举一个垃圾短信判别的案例。人们印象中垃圾短信的正文中经常会出现"免费"这个词，换言之，垃圾短信之所以被称为垃圾短信，就是因为"免费"这个词的大量出现而导致的。这时，我们就要去寻求包含"免费"这一词汇的短信是垃圾短信的概率（结果→原因）。根据以往的经验，正常短信一般占所有短信的75%，而垃圾短信一般会占所有短信的25%。再者，正常短信中包含"免费"这个词汇的概率为10%，而垃圾短信中包含"免费"的概率为80%。此时，包含"免费"这个词汇的短信被当作垃圾短信的概率为0.2÷0.275=72.7%，这样就成功地通过结果来找到原因并且求出了其发生的概率。

■ 贝叶斯定理

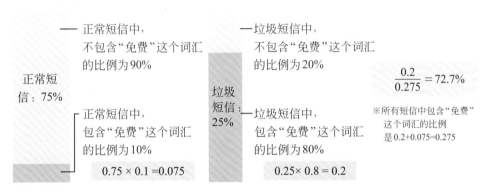

◉ 机器学习中的贝叶斯模型

机器学习中主要有两种方法，分别是①基于工具箱的方法和②基于模型的方法。到目前为止，我们学习的回归分析、支持向量机、决策树、随机森林法，还有接下来要学习的k-近邻法（第31节）等机器学习算法属于上述①方法。①方法的一个显著特点是，这些算法"都不是为了某一组数据专门设计的"，都只是专门对数据进行训练，并不需要考虑"数据会以什么样的形式出现"这种问题。使用这种方法，不需要非常坚实的数学知识也能够简单地进行数据学习并完成响应预测。

相反，贝叶斯模型属于②方法类别。这个方法需要事先设计好备选的数据，生成结构（模型）来说明"数据将会以什么样的形式产生"，才能使用数据进行模型估计，然后，再使用估计后的模型进行预测。②方法中，针对作为对象的数据考量对模型进行扩大或者组合，即该方法不仅关注预测结果，也关心模型本身。因为这个方法会考虑和目标实现最匹配的模型，故而能比①在原理上能达到更高性能。

■ 基于工具箱的方法和基于模型的方法

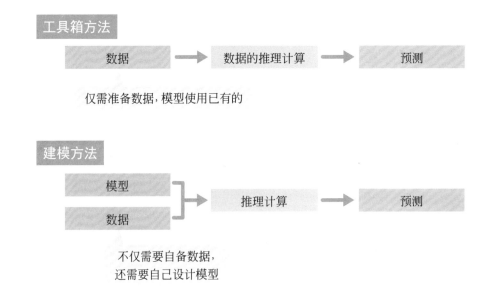

贝叶斯模型的使用需要非常高超的数学知识来作为保障，但其不像① 方法一样有特别多的算法，可以使用比较统一的方法进行分析。而且，使用贝叶斯估计，可以得到输出值有多接近正确答案（或者有多么不接近）的信息。为此，一边考虑着此中的不确定性，一边进行预测，可以有效防止过学习现象发生。贝叶斯估计中使用了事前分布，所以在获取数据以外的信息方面具有优势。

另外，贝叶斯模型需要依据特定的目的进行模型设计，所以需要非常多的数学知识（尤其是概率、统计学知识）。此外，进行复杂的设计需要在学习过程中进行名为MCMC（马尔可夫链蒙特卡洛）法的模拟。这种计算方法非常复杂，也很消耗时间。

○ 随机编程语言

贝叶斯模型有① 模型设计、② 数据学习→模型估计、③ 预测三个工程。设计一个怎样的模型是最重要的，但是如果② 工程中的计算过于复杂的话就得不偿失了。所以，① 工程为了能更好地进行模型设计，开发了随机编程语言。使用这种语言，就可以仅仅靠模型设计和数据准备，就能达到从数据学习到模型估计、预测全部完成的目标。

✏ 总结

▶ 贝叶斯估计中，考虑了不确定性。
▶ 贝叶斯模型不仅关注预测，还关注数据生成结构。
▶ 使用随机编程语言，可以使估计变得简单。

关于方法的区分和说明的主旨部分，特别参考了《基于贝叶斯推理的机器学习入门》（作者：须山敦志、讲谈社科学）。

30 时间序列分析和状态空间模型

状态空间模型是用于基于时间变化（时间序列）的数据分析和预测的"时间序列分析"统计、机器学习模型。状态模型和观测模型这两种模型组合在一起后形成的模型，可以在很多领域中使用。

● 时间序列分析是什么

我们首先要知道状态空间模型中的"时间序列分析"究竟是什么。时间序列分析如同其名称，是把根据时间取得的数据（时间序列数据）放到某一个模型中（时间序列模型）用以对数据进行说明。根据时间取得的数据，彼此之间都会有一些关系。例如我们有不同品种的苹果的甜度测量数据。因为这不是基于时间序列的数据，所以即使按照下图从品种1到品种5那样甜度直线上升，也只能算是偶然现象，不能依据这条直线对忘记测量数据的品种3的甜度进行预测。这种性质叫做"独立"。

■ 非时间序列数据

非时间序列的数据
（例如：苹果的甜度）

品种	1	2	3	4	5	...
甜度	0.2	0.4	?	0.8	1.0	...

数据之间没有关系，即彼此之间是"独立的"

然而如果把情景换到某一条街上观测到燕子的数据，那么情况就有所变化了。上一年观测到2只燕子的情况下，今年不可能忽然观测到100只燕子，这说明某一年观测到燕子的数量是会受到上一年观测数据的轻微影响的。这种性质被称为存在"自相关性"。

这种用直线模型来表现数据的方法，就是第23节中讲到的回归分析。回归分析和时间序列分析的区别就是模型内的数据是否独立，是否存在自相关性。实际上，回归分析只能使用相互独立的数据，如果使用不独立且存在自相关现象的数据进行回归分析的话，则可能会出现第21节中的疑似相关之类的问题。

时间序列模型有可以对自相关数据进行很好说明的结构，时间序列数据的分析可以交给时间序列模型来完成。

■ 时间序列数据

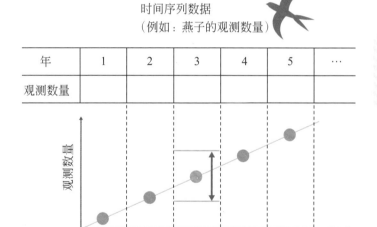

时间序列数据
（例如：燕子的观测数量）

年	1	2	3	4	5	…
观测数量						

从去年和前年的数据中可以发现，这附近的燕子数量大约是……

前后数据相互影响就是"自相关"

○ 基本的时间序列模型

时间序列模型中包含了基本的自回归（AR）模型、移动平均（MA）模型和将这两种模型组合起来的自回归移动平均（ARMA）模型等，这些模型基本都是沿着"这次的值与上次的值有一点点相似性"这个思路建模的。这里我们着眼于基本时间序列模型的设计思路，将其不同点总结于下表中。无论AR模型还是MA模型都是思考的基本模型，但是AR模型存在"稳定性"的问题，这是在统计学上经常制约数据的一个问题，所以实际上这个模型不经常被使用。我们一般使用ARMA模型为基础，针对现实的数据建立的ARIMA模型或者SARIMA模型。

模型	特点
自回归（AR）	最基本的时间序列模型。数学表达式和回归分析中的"自回归"和"重回归"基本一样，但是和回归分析不同，是使用"自身"过去的值进行回归（自回归）。现实情况中一般不使用这种模型
移动平均（MA）	与其名字一样，使用过去的值的移动平均值来预测未来的值。现实情况中一般不使用这种模型
自回归移动平均（ARMA）	AR模型和MA模型叠加在一起形成的模型。由于是两个模型的合成模型，故而更符合现实情况
差分整合移动平均自回归（ARIMA）	现实的数据中，总会有一些存在上升倾向和下降倾向的"趋势"，ARMA模型很难预测存在趋势的数据，所以就建立了对数据取差分（差值）应对这种趋势的模型
季节性差分自回归移动平均（SARIMA）	现实数据中，有很多随着周月年进行周期性变化（季节变化）的情况，这个模型是为了从数据中减除季节性变化而建立的

◉ 状态空间模型考虑了观测背后隐藏的"状态"

时间序列模型中虽然包含诸如基本自回归（AR）模型、移动平均（MA）模型和由这两种模型组成的ARMA模型，但都是基于"现在的值和以前的值有一定的相似性"的基本思想建立的模型。虽然状态空间模型也是时间序列模型的一种，但是这种模型和其他同类模型有一个非常大的区别，就是这个模型是由可以说明"观测到的、并不是真实状态的"取得数据的"观测模型"，和说明了其中隐藏了真实状态的"状态模型"组成的模型。即使是测量燕子之类动物的栖息数量的时候，一般也是通过观测员在街上巡逻得到的观测数量。此时观测员观测到的燕子数量不一定就是燕子的实际栖息数量。且观测精度还会受到观测员经验丰富与否的影响，还有可能因为天气不好，燕子不会出现在大街上。像上述几种可能，都会导致燕子栖息数量和观测数量产生"观测误差"。

■ 观测背后隐藏的条件

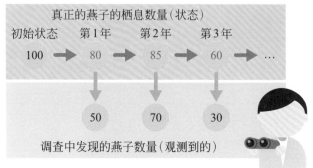

观测条件
（观测者的能力和观测日天气等
因素都会导致观测误差发生
→状态模型和观测模型组合
在一起进行模型化

总结

▸ 时间序列分析是将根据时间取得的数据放到时间序列模型中进行说明的分析方法。

▸ 时间序列模型是将"现在的值和以前的值有些许不同"的思想进行数学表达的一种模型。

31 k近邻（k-NN）法和k平均（k-means）法

本节介绍的两种算法的名称比较相似，业内人员也偶尔会将这两种算法混淆。虽然二者都是设定一个 k 值，名字比较相似，但其中包含的算法却是完全不同的。

◉ k近邻法通过对数据进行多数决定而分类

二者的区别在于，k近邻法主要应用在分类上的有监督学习算法，而k平均法则主要应用在聚类上的无监督学习算法。

二者中，k近邻法是最单纯的机器学习算法之一。首先我们利用苹果和梨的区分为例，来了解k近邻法的处理流程。

① 将学习数据向量化

因为使用k近邻法对数据进行比较的时候需要计算数据之间的相似度，故需要将数据的信息通过向量的形式表现出来。将苹果和梨的"鲜红程度"和"甜度"的学习数据进行数字化后以向量表的形式统计到下表中。

■ k近邻法通过数据的多数决定来进行分类

数据	红色	甜度
苹果1	9	7
苹果2	10	5
梨1	3	6
梨2	1	4
⋮	⋮	⋮

② 计算想要分类的数据和学习数据之间的相似度

接下来计算想要分类的数据和全部学习数据的相似性。很多指标都能用于计算类似度，比较常用的是"欧几里得距离"。欧几里得距离，就是我们平时讲述距离时所意识到的那个距离，是利用三平方定理求得的。

■ k近邻法的思路

数据之间相似性的思考方法

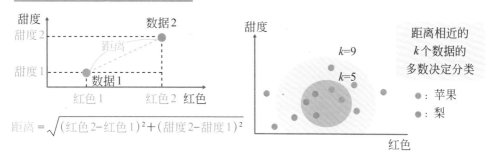

③ 提取 k 个相似性高的数据通过多数决定法进行分类

接下来，从和想要分类的数据有着高相似性的数据中依次取出 k 个。这个操作在将各个数据在坐标系中标记好后，再以想要分类的数据为圆心画圆后就变得好理解了。比如选定 $k=5$ 的时候，画的圆就要包裹住5个学习数据点。然后，圆中包裹的数据点中哪个标签多，就将这个标签作为想分类的数据的标签输出。

④ 根据性能调节 k 值

k近邻法重要的一个特点就是，随着 k 的选择方法的变化，算法的性能也会发生变化。比如本例中，$k=5$ 的情况"苹果:梨＝2：3"，所以分类结果是"梨"，如果 $k=9$ 的话"苹果:梨＝5：4"，那么分类结果就是"苹果"了。为了选定使性能最好的 k 值，也需要和其他机器学习一样，将全部数据分为学习数据和测试数据来检验性能。

此外，一般情况下 k 值越大，数据的噪点（抖动）对性能的抑制作用就会越强，那时候大量的数据纳入计算范围，类别之间的区别也就越来越模糊了。

◉ k平均法将数据分为 k 个集合（聚类）

这一部分将讲解k平均法的处理流程。k近邻法是有监督学习，与之相对，

k平均法则是无监督学习，故数据的标签并不需要预先设定好。让我们稍微改动刚刚的苹果梨案例，增加一个西红柿，然后来讲解下三种类分类算法。

■ k平均法

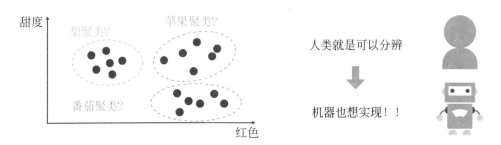

k平均法和k近邻法一样，在对数据进行比较的时候，都需要计算数据的相似程度，所以需要将数据的信息向量化后列到表里。

① 将数据随机分成k个聚类

首先，将数据随机分为k个聚类。既然是随机分类，就可以像掷骰子一样，得到聚类1就分为聚类1，得到聚类2就分为聚类2即可。如此随意的分类，得到的结果自然也是如右页图①中所示，完全没有分开。

而且和有监督学习不同，数据能构成几个聚类没有一定的规范，所以实际上还需要花费时间去设定k值。这里我们判断要分为三类，就把聚类数设定为3就可以了。

② 求重心

接下来，求取刚刚随机分类的各个聚类的重心，这个处理可以获得聚类数量的重心值。

③ 重新划分最接近重心的聚类

求得重心之后，将随机分类的数据再次进行分类。这次就不是随机分类了，而是在k个重心数值中，将各个数据的点分配到其最接近的重心的聚类中。

④ 求取新的重心

第③步进行重分类后，继续像第②步一样求取每个聚类的重心，此时每个重心都会有所变化。这样求得的重心，会向接近各聚类数据中心的方向移动。

⑤ 重复操作到重心不再移动

不断重复③ 和④ 直到重心不再移动。最终结果如下图⑤ 所示，邻近的数据都被分到同一个聚类中。需要注意的是，k平均法的工作量有随着初期随机分配结果变化（初始值依赖性）的性质，① ～⑤ 步不断重复，最终获得好的结果是需要花费时间的。

■ k 平均法的流程

① 随机划分

② 求取重心

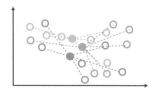

③ 划分为接近重心的聚类

④ 求取新的重心

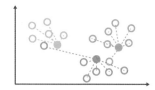

⑤重复 ③和④当重心不再发生变化时就可以结束了

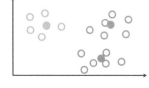

32 降维和主成分分析

降维是无监督学习的一种，可以做到"数据汇总"，特别是作为大量数据的预处理操作时，是机器学习不可或缺的方法。

◉ 降维就是数据的"汇总"

降维是指降低数据的维度数的操作。这里说的数据维度，类似于学生考试成绩中的语文分数、数学分数、英语分数之类的项目数量。以下图为例，将学生的语文和数学成绩制成图表。观察图表可以发现，语文和数学的分数，一科提高的话，另一科也会随着提高，二者之间存在相关关系。此时在这个相关的方向上画一条直线。我们将各个数据点"落在"直线上的话，就会如下图所示，刚才的二维数据就在一条一维直线上被表达出来了。这个一维的数据凝结了二维数据"语文分数""数学分数"的信息，它是在一个被称为"学力"的指标上。如此在尽可能保存了数据信息的情况下，用低维度数据将其替换的操作就是"降维"。降维操作的过程中，根据"直线的画法"的不同，有几种不同的方法。本节将会在介绍降维的优点之后，介绍几种具有代表性的方法。

■ 降维

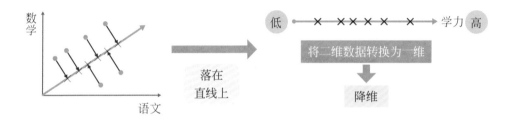

● 避免"维度诅咒"

　　第一个好处是可以回避"维度诅咒"。普通情况下数据的维度数越高越能更好地体现出数据的特征，而机器学习中则不然，过高的维度数会引发"维度诅咒"现象。维度诅咒是指"过多的点参与比对反而无法了解其中差距"的现象。比如"选搬家的房子"的情况，如果不仅考虑房屋的大小和租金，还把其他各种各样的因素都考虑进来的话，反而不知道哪间房子更合适了。实际情况中并不只是感觉上会出现这种问题，从数学的眼光上来看，数据的区别（距离）太小，就会导致算法性能大打折扣。在容易受到维度诅咒影响的情况下，就可以考虑降维操作。

● 利用降维来压缩数据

　　第二个好处就是降维可以压缩数据。将高维的数据替换为低维数据，即为单纯的压缩数据量。语文、数学成绩案例中，只有两个维度，但实际操作中机器学习的数据拥有高达数十万、数百万维的数据都不是什么奇怪的事。对这么大量的数据进行降维操作后，可以大幅度减少计算量，从而使计算速度提高。

■ 降维就是对数据的压缩

	语文	数学			学力
A先生	60	50	压缩 →	A先生	4
B先生	80	40		B先生	5
⋮	⋮	⋮		⋮	⋮

◯ 通过降维实现数据可视化

降维的第三个优点，是可以将高维的数据进行直观的可视化。沿用刚刚的例子，学生的成绩数据中不仅仅包含语文和数学数据，还包含了其他科目数据。此时如果想知道"这个数据的特征是怎么样的"，就很难直截了当地表现出来了吧。一般情况下人类能够直观理解的信息最多到三维，四维及以上的信息就没有办法归纳表达出来了。降维操作就能将人类难以把握的高维数据通过减少数据量的方式将数据进行直观表现，实现可视化。

下面就针对高维数据可视化的好处，举一个具体案例。比如对学生的成绩数据进行降维，用二维数据将其置换，这样就能将毫无意义的一堆数字简化为下图中的一幅图表了。话虽如此，但是在降维过程中，作为数据的各个项目自身的意义不是很明显，直到通过可视化后图标的形态发现"这部分图很像理科的数据""这部分图很有文科的感觉"等数据特征，最终"确定横轴为理科值，纵轴为文科值"，如此所有数据才得以直观表现。

■ 数据的可视化

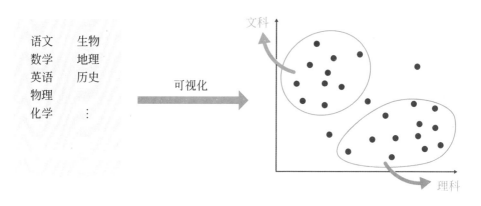

◯ 主成分分析是什么

前文介绍了降维能做什么，这部分主要介绍降维的方法。

前文我们讲解了降维是"将一些数据放在特定数轴上"的操作，降维的方法根据"放点的数轴"的选择方法不同而有多种方法。降维操作为了实现减少数据量的目的，将数据原本持有的一部分信息丢弃了。丢弃的这部分信息的数量叫做信息损失量。所谓信息损失量，可以简单理解为数据点在落到新的数轴上时的"落下高度"。根据降维原理，数据点到数轴的高度会在数据点落在数轴上的时候被丢弃，但我们希望能够尽量降低降维操作会影响到的信息损失量，所以在考虑新的数轴的时候，要努力使这个"落下高度"尽可能降低。

■ 主成分分析

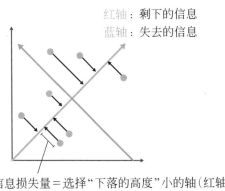

红轴：剩下的信息
蓝轴：失去的信息

信息损失量＝选择"下落的高度"小的轴（红轴）

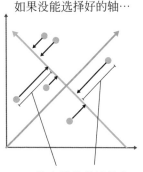

如果没能选择好的轴…

信息损失量就很大

能够在兼顾这样需求的同时实施的降维操作，最常用的是主成分分析（PCA）。主成分分析的基本思路是将数轴画在"数据最分散的方向上"。上图中数据点分散最大的方向画了红色轴，分散最小的方向画了蓝色轴。上图给人的直观感受是数据点落在红色轴上的落下高度比较小，而落在蓝色轴上的时候落下高度比较大。

33 优化和遗传算法

优化是"在某种限制条件下，求取某个函数最大值（或者最小值）的最优解"。本节我们讲解优化的同时，还将介绍为优化服务的算法之一的遗传算法。

● 优化问题是什么

求取某个函数（目的函数）的最大值或者最小值的操作叫做优化。如果求下图中的红色线所表示的函数的值的最大值，因为函数形态已经在图中表现出来了，所以最大值也是一目了然的，但是更多的时候，函数的形态是未知的。所以优化就是尝试着输入几个值，深入了解目标函数的解，进而求得最优解。

实际上，优化已经不属于一般意义上的机器学习算法范畴了，但是在机器学习过程中，优化算法也是必不可少的，所以这里还是要详细讲解的。

■ 优化是什么

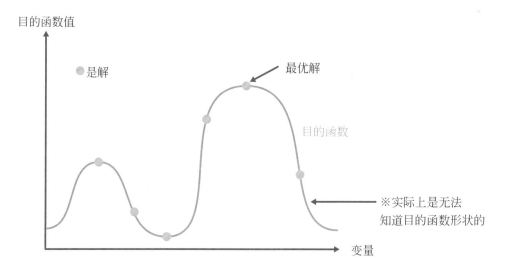

◎ 日常生活中用到的优化

虽然优化这个词听起来就很难的感觉，但其实在我们的日常生活中就有很多用到优化的案例。比如，一个上班族为了晚上能烹饪好吃的咖喱饭，决定下班后绕路去购买食材，这就是一种优化。

■ 日常生活中用到的优化

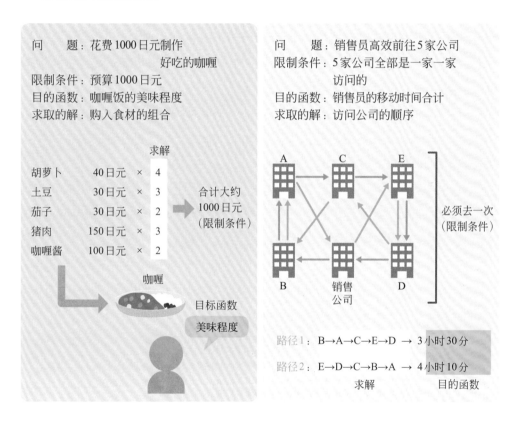

| 问　题：花费1000日元制作好吃的咖喱 |
| 限制条件：预算1000日元 |
| 目的函数：咖喱饭的美味程度 |
| 求取的解：购入食材的组合 |

			求解	
胡萝卜	40日元	×	4	
土豆	30日元	×	3	合计大约 1000日元 (限制条件)
茄子	30日元	×	2	
猪肉	150日元	×	3	
咖喱酱	100日元	×	2	

咖喱

目标函数
美味程度

| 问　题：销售员高效前往5家公司 |
| 限制条件：5家公司全部是一家一家访问的 |
| 目的函数：销售员的移动时间合计 |
| 求取的解：访问公司的顺序 |

必须去一次
（限制条件）

销售公司

路径1：B→A→C→E→D → 3小时30分

路径2：E→D→C→B→A → 4小时10分

求解　　　　　目的函数

除了上边给出的案例，物流公司从货仓向配送地点发货，对收发货时间的优化，工厂中生产多个产品时生产线的运行时间乃至于交货时间的优化等场景，很多问题都能用优化的理论给出解答。而在机器学习中，第19节"超参数的调节"中介绍的最优超参数值的确定时就经常使用优化的理论。

从下文开始，将会介绍解决优化的实际问题（最优化问题）时有什么办法。

4

机器学习算法

○ 全局搜索和组合爆炸

最简单的优化方法，就是将最优化问题中能考虑到的所有解的组合都尝试一遍，然后从中选择最优解。这种方法叫做全局搜索，一定能得到最优解。然而现实情况是，会导致计算负荷激增的大规模最优化问题是无法使用这种方法的。我们还以刚才那位上班族为例，假设他下班后需要去 n 家店买食材，去这 n 家店的所有可能性可以表示为 $n!$。当店铺数量为 5 的时候，则有 $5!=5×4×3×2×1=120$ 种选择；店铺数量为 10 的时候，有 $10!=3,628,800$ 种选择；店铺数量为 20 的时候，有 $20!=2,432,902,008,176,640,000$ 种选择。店铺数量仅仅增加了 5，选择的数量却爆炸性增长。假设计算机 1 秒能够试验 1 种选择的话，5 家店铺的选择可以在 2 分钟内试验完毕，而我们如果想要全局搜索去 20 家店的所有路线需要的时间，则需要 760 万年。这种需要搜索的组合爆炸性增长的情况，叫做"组合爆炸"。

有的最优化问题由于组合爆炸会导致全局搜索的方法不可行，我们想解决这种最优化问题，就需要花时间研究一些最优化算法了。本书中就介绍优化方法中的一种具有代表性的方法——遗传算法。

遗传算法的命名源于其基本思想，是一种仿生生命进化过程的算法。一个物种中的不同个体在"自然淘汰"过程中，不断重复着"交叉（重组）""突变"的过程，让自己物种的遗传基因向着更适应"环境"的方向进化。遗传算法借鉴了这种形式，将目标函数设定为"对环境的适应性"，所求解为"遗传基因"，经历了若干代不断地选择、交叉、突变后，来探究最优化问题的解。

下面就让我们来了解下遗传算法的流程吧。

■ 遗传算法的流程

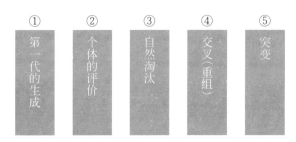

● 遗传算法的流程

① 第一代的生成

这一步中仅仅生成第一代。第一代是没有父母的，为了符合算法规则，用随机遗传基因生成个体。

② 个体的评价

对这一代所有的个体进行评价。将每个个体的遗传基因输入目的函数进行计算，记录下计算结果作为评价值。

③ 自然淘汰

根据个体的评价值，通过交叉组合选出能将遗传基因留给下一代的个体。这个处理，可以让所有个体的遗传基因向更加优秀的方向变化。下一页中为了简化示意图，让流程从上边开始顺序选择，但是因为生物交配过程中也不仅仅让优秀的个体存留，故此在遗传算法中也不仅仅选择高评价值的个体，同时还加入了随机的要素来选择个体。此时经常使用的选择方法有"轮盘赌选择法""排名选择法""淘汰赛选择法"等。

④ 交叉（重组）

将选择出来的个体们的遗传基因进行交叉，生成具有新遗传基因的个体。通过这个处理，可以让优秀的个体遗传基因的优秀部分彼此交叉，形成更加优秀的遗传因子。交叉也和自然淘汰一样有很多种方法，经常使用的有"一点交叉""多点交叉""均匀交叉"等。

⑤ 突变

这一代的所有个体的遗传因子，都有一定概率由于一部分发生随机变异而导致其变化成为不同的遗传基因。

通过以上从②到⑤的过程不断重复执行，我们可以获得更加优秀的遗传基因。

■ 遗传算法

①第一代的生成
首先，随机生成基因以产生符合制约条件的个体

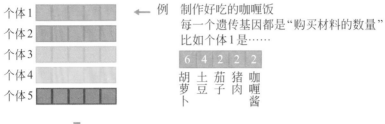

个体1
个体2
个体3
个体4
个体5

例　制作好吃的咖喱饭
每一个遗传基因都是"购买材料的数量"
比如个体1是……

6	4	2	2	2
胡萝卜	土豆	茄子	猪肉	咖喱酱

②个体的评价
将遗传基因输入到目的函数中，
计算所有个体的评价分数

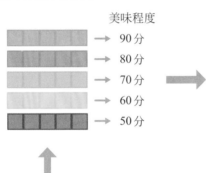

美味程度

→ 90分
→ 80分
→ 70分
→ 60分
→ 50分

③自然淘汰
优秀的个体留下来得多，
评分低的个体被淘汰

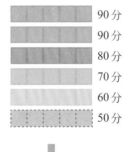

90分
90分
80分
70分
60分
50分

⑤突变
将个体的遗传基因进行
随机替换

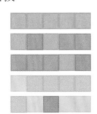

④交叉
个体之间的遗传基因相互合并，
生成持有新的遗传因子的个体

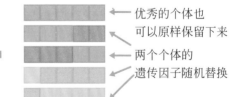

← 优秀的个体也
　 可以原样保留下来
← 两个个体的
　 遗传因子随机替换

总结

▷ 最优化问题就是让目的函数的值最小或者最大。

第 5 章

▼

深度学习的基础知识

从本章开始，我们开始深入学习已经在前文中多次提及的深度学习。关于这个方法经历了怎样的历史才发展到现在这个阶段、在什么情况下可以使用这个方法、相关具体案例，都会在本章一一为各位读者介绍。

Chapter 5

34 神经网络和其历史

神经网络是模仿人类的神经回路（神经元）构造建模的一种网络。听到神经回路这样的词汇，会给人一种非常接近人类的印象，但实际上神经网络就是一种以加法为基本运算的非常简单的模型。

● 感知器和神经网络

这一部分我们来学习作为深度学习的基础组成的感知器（神经元）。感知器是由单一神经元模型化而成，其构造非常简单。

各种输入都在和下一层的输入对应的权重（连接强度）相乘后加在一起。注意，输入1也要和权重相乘并与上述输入一起求和。这部分被称为常数项，在下图左侧第一幅图中用绿色箭头表示。求和后得到的输出沿着红色箭头，被输入到一个叫作激活函数的非线性函数（参考第140页）中，形成最终输出。省略求和过程和激活函数的步骤，我们可以将感知器简化为下图右侧中描绘的样子。感知器如果有两个重叠在一起，且最终输出也有两个的话，就需要将两个图重合在一起来确认了。

■ 感知器

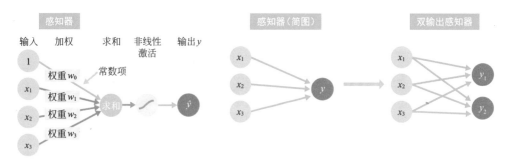

如果在感知器后边再连接感知器的话，就能得到输入层和输出层之间夹有一个隐藏层的神经网络了。不同于可以直接观察的输入层和输出层，隐藏层

138

是不能够直接观察到的，如同它的名字，隐藏层是隐藏起来的。下图的神经网络，是有着1层隐藏层的2层神经网络。圆形的叫做节点，箭头叫做边缘。请注意，数层数的时候，输入层需要去除掉，"边缘的网络到节点为1层"。输入层→隐藏层中，输入层的各个节点和隐藏层的各个节点都要结合在一起（隐藏层→输出层也是同样道理）。如此的层叫做全结合层。

这个隐藏层再增加若干个的话，就能做成一个深度神经网络了。隐藏层或者隐藏层的节点数增加会造成参数（权重 w）数量增加，产生更复杂的输出。另一方面，更多的参数就会需要更多的数据进行学习，也就有更高的概率发生过学习。为了防止这种情况发生，会使用神经网络特有的方法——dropout。dropout是让节点在一定概率下失效后再继续学习的方法。

■ 神经网络（2层）

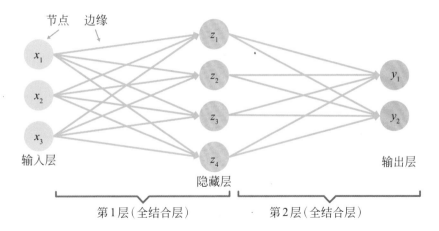

■ 深度神经网络

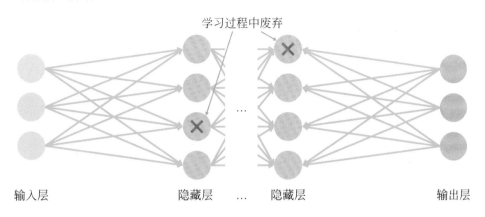

○ 激活函数的非线性性质

　　激活函数，是将输入和权重相乘后变形为其他值的数学表达式，在深度学习中非常重要。现阶段使用的激活函数均为非线性函数。非线性函数就是在坐标系中表现为非直线的函数，与之相对，线性函数的表达式可以简略表示为 $y=○x+△$，在坐标系中表现为一条直线。激活函数中具有代表性的有 Sigmoid 函数、双曲正切（tanh）函数、Rectified Linear Unit（ReLU）函数等。Sigmoid 函数无论输入什么都会被转化为 0 到 1 输出，在输出最终概率的时候非常有用。tanh 函数可以将输入从 –1 变换为 1。ReLU 函数虽然看起来像是线性的，但在 0 点附近有一部分曲线，所以也是非线性函数，因为输出只在 0 以上的时候直接通过，所以计算也比较简单。

　　在近几年中比较常用的激活函数就是 ReLU 函数，主要原因就是 ReLU 使用的过程中不容易产生坡度消失问题（参考第 39 节）。学习的时候，对激活函数进行微分（求坡度），无论是 Sigmoid 函数还是 tanh 函数的微分值都接近于 0，很难顺利进行学习。此时 ReLU 函数中 x 在 0 以上的值的坡度为 1，学习可以顺利进行下去。不过 ReLU 有一个缺点，就是 x 值小于 0 的时候坡度为 0，为了改良这个缺点，研究人员提出了多种 ReLU 的派生型函数。

■ 主要的激活函数

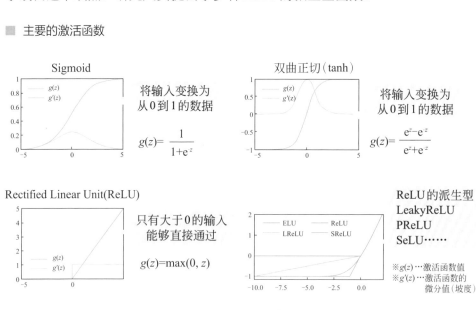

○ 非线性激活函数的重要性

之所以激活函数必须是非线性函数，是因为实际的数据基本都是非线性的。例如下图中的绿色和红色数据，如果想进行分类的话，就不能分类为一条直线。如果激活函数是线性的，那么无论增加多少个层，分类边界也还是一条直线。而如果使用非线性激活函数的话，即便是很复杂的分类边界也能够描绘出来。哪怕将输入重复歪曲很多次，也能够输出一个扭曲的不能够再扭曲的复杂曲线来进行分类，这个从我们的直观感受上就是可行的。

登录一个名为"A Neural Network Playground"的网站，可以亲眼确认改变神经网络的设定值后得到的输出结果的变化。感兴趣的读者可以去尝试一下。

■ 神经网络输出的可视化

加入激活函数的理由

线性激活函数即使
加深层也是线性函数

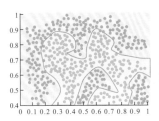

非线性激活函数的
层如果深化的话
就会变得非常复杂

A Neural Network Playground

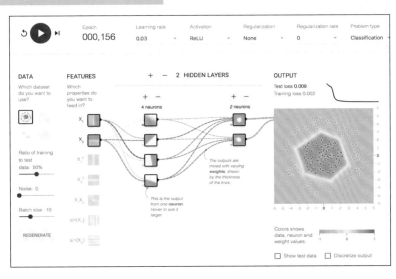

◎ 形式神经元和研究热潮

本节到此为止的内容，宏观上讲述了目前使用的神经网络的结构。最后让我们来回顾下神经网络的发展历程吧。至今为止的神经网络研究，不断重复着进步与停滞。

神经网络开始于1943年，神经生理学家马卡洛克和数学家皮兹公开发表了形式神经元的相关研究成果。形式神经元，是将人脑中的神经细胞（神经元）模型化后产生的。神经细胞将从多个树突中输入的信息（电信号）整合，当电信号超过一定强度的时候神经元就会兴奋。这个兴奋，通过轴突传输到其他神经元中。与之类似，形式神经元将输入值（x_1，x_2，x_3，…）和权重对应相乘后求和。如果得到的值超过阈值T的话，输出值y就会为1，其余情况输出y均为0。当人们了解了可以用这样简单的模型来表达基础理论和数学表达式后，就开始热衷于仿生人脑的计算机了。

1958年，心理学家罗森布拉特以形式神经元为参考，发表了感知器（这个感知器和本节开头说的那个感知器有些区别）的研究成果。与此同时，罗森布拉特还设计出了有监督学习算法。学界对于人工智能自己进行学习抱有强烈期待，20世纪60年代神经网络迎来了第一次研究热潮。

■ 截至20世纪60年代的研究

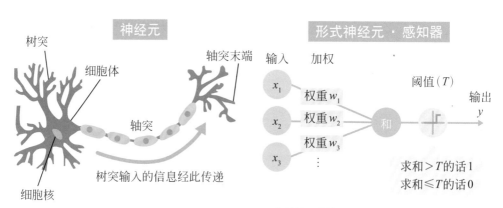

※形式神经元的情况下，输入限定为0、1

● 神经网络研究的停滞与进步

然而随着罗森布拉特发表感知器而开始的20世纪60年代的研究，渐渐地走向终结。这其中起关键性作用的是人工智能研究者明斯基和帕帕特的发言，他们的发言表明了一层的感知器不能线性分离（参考第24节）问题无法解决。理论上来说，我们知道现在的神经网络无论有多少层，都可以顺利解决，但是罗森布拉特发表的算法中分层感知器是不可能进行学习的。最终，由于认为当时要想解决这个复杂的问题还有很长的路要走，20世纪70年代就成了神经网络停滞的十年。

接下来是20世纪80年代，被称为现代神经网络学习算法基石的误差反向传播法（第37节）在这个时期被确立，神经网络学习向前迈进了一大步。误差反向传播法，虽然在20世纪60年代就被设计出来，但是由于没有太多人关注，所以一直没有被重点研究。但是1986年提出的分层神经网络学习中使用了这种方法，成功地让分层神经网络的学习变得可能。进而，这个时期卷积神经网络（将会在第41节中介绍）的原型设计工作也已经完成，并可以在手写文字识别领域开始实用。

■ 20世纪60年代到80年代的研究

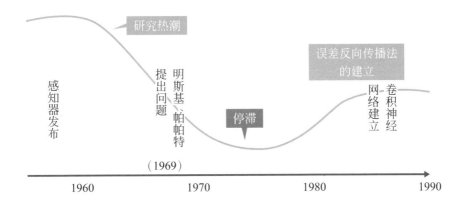

○ 深度学习时代拉开帷幕

　　20世纪80年代，在误差反向传播法确立的推动下神经网络研究获得了进展，20世纪90年代到21世纪00年代前半叶，行业再度踏入了发展停滞期。多层重叠神经网络不能很好地实现误差反向传播法的"传播"理念（坡度消失问题，第39节将会介绍），也就无法顺利进行学习。加之当时计算机的算力在处理深层神经网络学习的时候困难重重。彼时，支持向量机一众不使用神经网络的机器学习方法成为了主流，神经网络的研究热潮逐步褪去。

　　基于神经网络的深度学习研究终于开花结果，还是在21世纪00年代后半叶。2006年，计算机科学家亨顿提出了基于一种名为深度信念网络（DBN）的多层网络进行高效学习的方法，还提出了一种使用受限玻尔兹曼机（RBM）来自动提取特征量的可能性。至此，深度学习的优势才真正被发现，基于卷积神经网络的图像识别也走上了飞速发展的道路。

■ 20世纪90年代以后的研究

受限玻尔兹曼机(RBM)

隐藏层

输入层

受限玻尔兹曼机有两层，
同一层中的变量之间相互不连接
（防止计算量爆炸）

深度信念网络（DBN）

隐藏层

隐藏层

隐藏层

输入层

总结

▷ 神经网络是模拟神经回路的模型。

提到机器学习或者深度学习，印象中就是以Google为代表的美国大企业和大学在这个领域里占据领导地位。近年来，中国的企业和大学在领域内的地位也不容小觑，很多人对于日本在这方面的活跃表现不太了解。

事实上，现在在这个领域中不显山不露水的日本，在神经网络的发展历史中可是榜上有名的。这位研究者叫做福岛邦彦，福岛在20世纪80年代发表了一种名为"神经认知机"阶梯型多层神经回路模型。神经认知机和卷积神经网络一样，都能在图像识别领域大显身手，与目前使用的神经网络的结构基本一致，可以称得上是现代神经网络的鼻祖。

下图的S细胞和C细胞，分别代表的是简单（simple）细胞和复杂（complex）细胞，承担着特征抽取和集中的功能，各层之间进行着类似卷积性质的运算。而从输入层向输出层流动的过程中，从细微的特征中提取出来大致特征这一性质，也和卷积神经网络相同。

原来今天我们使用的一般图像处理的技术诀窍，其中也蕴含了日本人的努力，真是让我们感慨颇深。

5

深度学习的基础知识

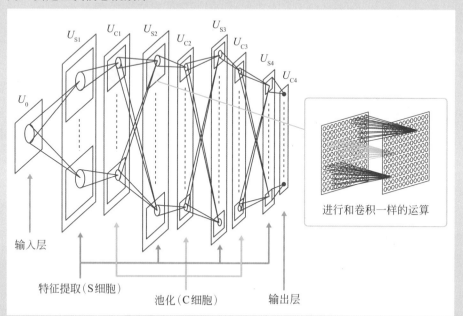

出处：参考福岛邦彦. Deep CNN神经认知机的学习（OS特邀演讲）. 人工智能学会全国大会论文集. JSA2016卷，第30次全国大会（2016）. 2016中的图1进行作图

35 深度学习和图像识别

以"Google 的猫"为代表，大家似乎一听说深度学习，第一反应就是图像识别了。本节就通过介绍图像识别为何物，来加深大家对其的理解。

◎ 图像识别是什么

计算机中的图像数据，就是像素点的集合。每个像素点由[红，绿，蓝]=[30，120，80]对应的颜色表示。这个时候，图像数据中还不存在"这是一副什么图像"的信息。人类看过图片之后，就会瞬间对图片的各个组成部分做出"这部分是人""那部分是天空"的反应，这幅图片的信息，就这么建立在"视觉"之上。可是，想让计算机也做出相同的认知，就必须要提供图像"对应着什么事物"的信息。图像识别，就是使用计算机获得这个信息的技术。

■ 人类和计算机的图像识别

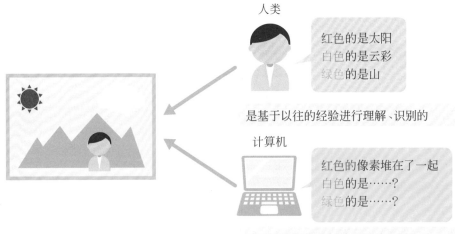

人类

红色的是太阳
白色的是云彩
绿色的是山

是基于以往的经验进行理解、识别的

计算机

红色的像素堆在了一起
白色的是……?
绿色的是……?

并不理解图像和标签之间的关系

146

◎ 图像识别和"模式识别"

图像识别，换言之就是"模式识别"。此处说的模式，即"如果是红色的圆的那就是苹果""如果是绿色且缩颈的就是洋梨"，这种观察物体的图像得到的特征。机器学习，就是利用学习数据进行获取这种模式的学习，再通过在实际数据中应用这种模式来实现智能。从这个意义来说，利用机器学习作为图像识别算法才是妥当的。

可为什么图像识别没有成为传统的机器学习科目，而是随着深度学习的发展而在使用领域大放异彩呢？二者都是从学习数据中搜寻模式的算法，而且传统机器学习算法和深度学习感觉上也都能完成图像识别的目的。

这个疑问的答案，就在于深度学习可以自动学习"从数据的哪个方面获取模式"的问题上。传统的机器学习中，数据输入算法之前，应该从哪个方面着眼这个问题都是通过提取人类指定值（特征量）来实现的（参考第09节）。为此，像图像这种高维度的复杂数据，人类很难预先设定有效的特征量。而深度学习，则会在学习的过程中自动探索合适的特征量，可以利用并处理人类没有意识到的数据模式。

■ 基于深度学习的图像识别

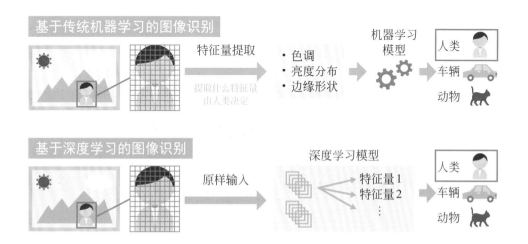

◎ 基于深度学习的图像识别算法

　　了解了原理后，我们来看看基于深度学习的图像识别算法案例吧。

　　首先是物体检测。物体检测，就是获取图像中"哪里"有"多大概率"存在"什么东西"的信息。很久以前的数码相机中也搭载有人脸识别功能，但都没有利用机器学习而只是单纯使用一些算法，所以精度并不高。物体检测算法中加入了深度学习后，可以实现在多种状态下检测更多种物体。这种图像识别任务中常用的神经网络是"CNN（Convolutional Neural Network）"，CNN将会在第41节中介绍。

■ 物体检测

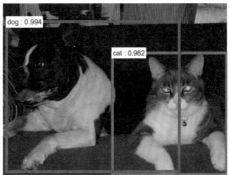

　　使用CNN进行物体检测的案例，如坐在马上的人和栏杆后的人等等，事物重合在一起的情况下也可以实现检测目标，其高性能可见一斑。

出处：Faster R-CNN，Towards real-time object detection with region proposal networks

说明文字生成

物体检测是推测图像中物体的标签，而基于深度学习的图像处理和以后会介绍的自然语言处理算法结合在一起的话，则能够自动生成图像内多个物体发生了怎样状况的说明文字，这就是说明文字生成。这种利用计算机来识别物体之间的关系性的算法如果能够实现，其在其他领域中的应用可能会实现爆发性增长。正因为如此，这个算法是现在备受瞩目的算法之一。

■ 说明文字生成

A person riding a motorcycle on a dirt road.
Two dogs play in the grass.
A skateboarder does a trick on a ramp.
A dog is jumping to catch a frisbee.
A group of young people playing a game of frisbee.
Two hockey players are fighting over the puck.
A little girl in a pink hat is blowing bubbles.
A refrigerator filled with lots of food and drinks.
A herd of elephants walking across a dry grass field.
A close up of a cat laying on a couch.
A red motorcycle parked on the side of the road.
A yellow school bus parked in a parking lot.

Describes without errors　　Describes with minor errors　　Somewhat related to the image　　Unrelated to the image

颜色代表的含义，自左向右，绿色:无错误，橙色:略有出入，黄色:尚有关联，红色:完全无关。虽然错误的案例还是不少，但已经能够在一定程度上读取图像的基本印象了。

总结

▷ 图像识别，是通过机器来掌握某种物体共通特征的模式。

▷ 深度学习在图像识别上具有优势，是因为能够自动探索模式。

▷ 不仅可以识别"物体是什么"，还可以识别出"这些物体在做什么"。

36 深度学习和自然语言处理

自然语言处理，是利用计算机处理人类日常使用的语言（比如日语和英语）。本节在介绍自然语言处理之外，还会举出深度学习和自然语言处理组合的实用任务案例。

● 自然语言处理是什么

自然语言处理，就是利用计算机处理人类日常使用语言（比如日语或者英语等）文字。在计算机领域中提及语言，一般都代指编程语言，为了加以区分，才特意在语言之前加了"自然"二字。人类的语言行为一般分为"听""说""读""写"，自然语言处理是对其中"读"和"写"的部分进行研究的学科。而"听"和"说"则由干涉及声音波形的处理，所以更多是由声音处理这门学科来研究。实际使用中，"听写（声音识别）"和"文字转语音（声音合成）"等工作，又会横跨自然语言处理和声音处理两门学科，故此哪里才是自然语言处理的研究边界是个模糊的问题。

■ 自然语言处理中应用到的技术

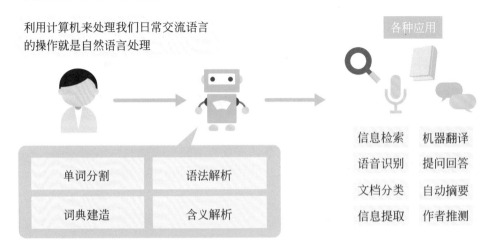

利用计算机来处理我们日常交流语言
的操作就是自然语言处理

各种应用

单词分割	语法解析
词典建造	含义解析

信息检索　　机器翻译
语音识别　　提问回答
文档分类　　自动摘要
信息提取　　作者推测

◎ 自然语言处理具有代表性的处理

自然语言处理中经常会使用到①词素分析和②单词的分布表示转换。

① 词素分析简单讲就是词类分解，就是将文章分解为词素（有意义的最小单位）的排列后对各种词素的词性进行判定的处理。特别是日语和汉语的单词之间没有空格，所以词素分析就格外重要。以英语为代表的语言，单词与单词之间存在空格时，就变成了将简称恢复成为全称等简单的处理了。

② 单词的分布表示转换，是将单词转换为数值的排列。这个数值排列就被称为分散表现。计算机并不能直接判断单词之间意思的相似程度，所有单词都会被认为同等程度上的词义不同。为此，将意义相近的单词在数值排列上也设定为相似的数值，这时再对分布表示做加减法的话，单词的意义也会相应地做加减法。这种单词的分布表示学习方法统称为 Word2Vec。

■ 词素分析和分布表示转换

和他走到新国立竞技场了

词素分析

和	他	走	到	新	国立	竞技场	了	。
助词	名词	动词	介词	形容词	名词	名词	助词	标点符号

变换为分布式表现

0.339	0.449	0.376	0.103	0.509	0.467	−0.047	0.415	0.927
−0.518	−0.681	−0.768	−0.553	−0.084	−0.794	−1.090	−0.940	−0.557
⋮	⋮	⋮	⋮	⋮	⋮	⋮	⋮	⋮
−0.038	0.659	0.040	0.293	−0.372	−0.075	−0.045	0.593	−0.029

◎ 基于深度学习的自然语言处理任务

自然语言处理的基础知识在前文已经都介绍完了，下面就来简单学习下基于深度学习的自然语言处理任务吧。

首先是机器翻译。早期的机器翻译只能做到① 逐字翻译和② 按照目标语法排列词汇这两种非常简单的处理。当然这种方法的效果非常不好，然后又出现了一种基于统计学的机器翻译作为替代品。这种翻译方法并不进行逐字翻译和按照目标语法排列词汇，而是事先通过数据库大量学习双语互译文，对短语进行翻译，力求翻译出正确且自然的文字。经过了这段风潮之后，最近基于深度学习的机器翻译成为了主流，可以翻译出非常自然的文章。使用深度学习的机器翻译的缺点是能够使用的词汇表很小。由于深度学习非常消耗时间，如果想要在相对容易接受的时间内完成学习的话，就要限制词汇表的数量。

接下来是文档摘要。文档摘要，分为单一文档摘要和多个文档摘要。前者是生成一个文档的摘要，而后者则是生成多个文档的摘要。摘要文本的生成方式分为抽出法和生成法，前者在输入的文本中选择觉得有用的部分，后者则是生成输入文本以外的单词或者短语。基于深度学习的文档摘要工作中比较有实用性的就是新闻标题的生成，这是一种使用生成法的单一文档摘要类型。新闻的标题和正文的组合很容易在互联网上搜集到，因为数据量很庞大，所以实用的研究就很多。文档摘要面临的主要挑战是① 比机器翻译需要更多的输入数据和② 文档摘要的正确答案没有绝对标准，所以结果评价比较困难。

第三是对话系统，即制作能像 Apple 的 Siri、Google 助手、Microsoft 的 "琳娜" 一样进行对话的系统。对话系统的历史悠久，20 世纪 60 年代开发出来的 ELIZA 就是一个聊天机器人。ELIZA 可以回答用户输入的文字，看起来像是在对话，但由于其只是选择预先准备好的措辞，然后将输入的句子嵌入其中，所以实际上那只是鹦鹉学舌而已。现在使用深度学习后，就可以根据以往聊天的记录来输出接下来的发言了。而对话系统面临的挑战也和文档摘要一样，即没有衡量对话正确性的绝对标准，所以结果评价很难。而且，以 Siri 为代表，现在的对话系统不仅能进行自然的交流，还能针对提问进行合理的回答，这种对提问进行回答的领域叫做问题响应。

■ 基于深度学习的自然语言处理案例

机器翻译

Google 翻译

文档摘要

因涉嫌盗窃未遂，一个男性员工被逮捕了。
被逮捕的是住在 A 县 B 市的员工 C。
根据警方介绍 C 涉嫌在公司的置物柜中盗窃
了钱包……

↓

因涉嫌盗窃未遂，男性员工被捕

自动摘要生成 API 的一个案例

对话系统

原女子高中生 AI "琳娜"

语音识别

智能音箱
Amazon Echo

使用深度学习的自然语言处理大多数采用名为递归型神经网
络（RNN）模型。RNN 将会在第 42 节中介绍

最后一种是声音识别以及声音合成。Siri等现在的对话系统，不仅支持文本输入，还支持语音输入，输出大多数情况下也能在声音或者文本两种模式中任选，声音处理和文本处理的关系非常近。从2010年到2012年，由于深度学习的助力，声音识别精度最大上升了33%，取得如此成就的声音识别的一部分处理采用的是主流的深度学习神经网络（DNN），还有一种方案是将所有的处理都进行基于DNN的学习（end-to-end）模型。由于声音识别和声音合成模型存在关联性，所以声音识别导入深度学习也遵循着类似的流程。特别是，Google的声音合成也使用到的WaveNet可以生成自然的声音，让人着实感觉到惊喜。

总结

▷ 自然语言处理具有代表性的技术是词素分析、分布表示。
▷ 深度学习的导入使自然语言处理的精度大幅上升。

第 **6** 章

深度学习的流程和核心技术

了解了深度学习的原理和使用案例后，终于到了学习流程和核心技术的时候了。虽说如此，但还是会最低限度保留数学性质的说明，用身边通俗易懂的案例来介绍，请不要过于紧张，继续学习本章吧。

37 基于误差反向传播法的神经网络学习

误差反向传播法，是将正确答案与实际输出相比较，以此来修正权重和偏置。是神经网络学习中经常使用的方法，请务必牢牢掌握。

● 数据沿着神经网络中的正向传播

想要理解误差反向传播法，首先要理解其对立概念的正向传播。神经网络模型输入的数据，沿着被称为节点的元素传播的过程中，在各个节点中以设定好的参数（权重和偏置）进行处理和转换，从最终层输出。这个从输入到输出的信息传播流程，叫做正向传播。利用神经网络模型进行预测或分类，就是用的这个正向传播。

然而，神经网络模型在建模的时候是随意设定的，输出自然不可能正确。这时就需要和传统机器学习算法一样，用学习数据进行学习。具有代表性的方法之一，就是本节介绍的误差反向传播法。

■ 正向传播

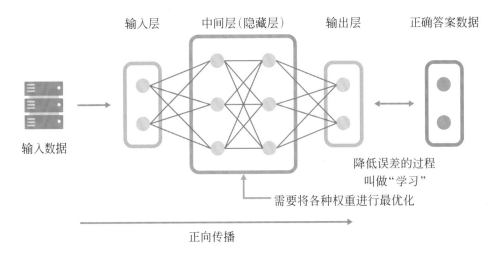

输入层　　　中间层（隐藏层）　　　输出层　　　　正确答案数据

输入数据

降低误差的过程
叫做"学习"

需要将各种权重进行最优化

正向传播

◉ 训练神经网络的"误差反向传播法"

误差反向传播法（back propagation）的名字源于其功能，是在神经网络的输出值和正确答案之间的差（误差）向前一个（反向）节点传播的方向进行计算，并调整其权重的方法。

如下图所示，第 $n+1$ 层中计算得出的结果为8，而根据正确答案逆向运算得出这个值应该是10，这个节点的误差（局部误差）就是10-8=2。为了减小这个局部误差，我们需要降低前一层的误差。在前一段中，我们认为第 n 层中的3个节点应该取值为4、4、2，这种情况下正向传播的计算值为3、3、2，故各个节点的局部误差为1、1、0。接下来，使用所有节点的局部误差，计算输出和正确答案数据的误差之和的损失函数，以使这个函数变小为前提，调节各个节点的权重，来获得更加优秀的神经网络模型。使这个损失函数变小的权重的计算方法，将会在第38节中介绍。

■ 误差反向传播法

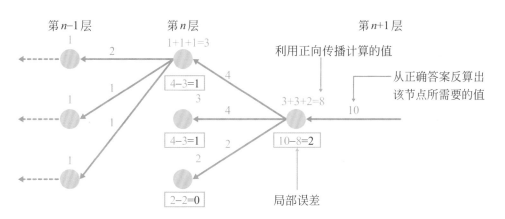

✏️ **总结**

▶ 从输入到输出的信息传播流程叫做正向传播，反过来用于降低误差的方法叫做误差反向传播法。

38 神经网络的优化

对机器学习或者神经网络的模型进行训练的过程叫做"优化"，基本和第33节的优化为同一概念，这里着重对模型的优化进行介绍。

○ 模型的优化就是损失函数的最小化

第33节已经进行过说明，优化就是"求解使某个函数的最大（或者最小）时的解（最优解）"。那么模型训练的需要求最优解的目标函数究竟是什么呢？可能各位读者已经注意到了，模型求最优解的目标函数，就是第37节中介绍的"误差反向传播法"中计算的"损失函数"。损失函数的值，是模型的输出值和正确答案之间的偏差程度的值，可以根据神经网络的各节点的权重和偏置的值计算得出。也就是说模型的优化旨在找到使损失函数的值最小的时候对应的神经网络的权重值。

■ 使损失函数最小化

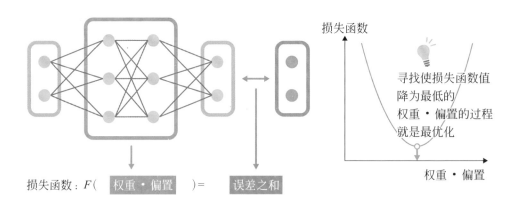

寻找使损失函数值
降为最低的
权重·偏置的过程
就是最优化

损失函数：$F($ 权重·偏置 $)=$ 误差之和

◎ 坡度下降法的基本思想

优化针对我们作为目标的问题实际上是有多种方法的。第33节中介绍的遗传算法，主要是通过寻求最优组合的问题（组合优化）来实现最高性能的发挥。这一部分主要介绍一种常用的坡度下降法的基本原理。

首先来思考一个简单的损失函数，一个可以向着某一个解的方向缓缓减小输出值的损失函数。数学上有更加严谨的定义，一般这种函数叫做凸函数。但是实际上，我们几乎不可能通过看函数曲线的方式来求得其最优解，可以知道的只有输入解后损失函数值和该解对应的函数坡度（斜率）。比如大雾弥漫时，在只能看到脚下的山中，从目前的地点向海拔更低的地方前进，这时候能做到的就只有"看清脚下的坡度（斜率）向着下坡方向走"。坡度下降法也是同样的思考方法，朝着名为损失函数的"大山"不断下降。不断重复着探索坡度并向下走的行动，在坡度变平的那个地方的损失函数就是取得了最小值，其解也就是最优解。另外，这个坡度变平、优化结束的现象被称为收敛。

■ 坡度下降法就是"下山"

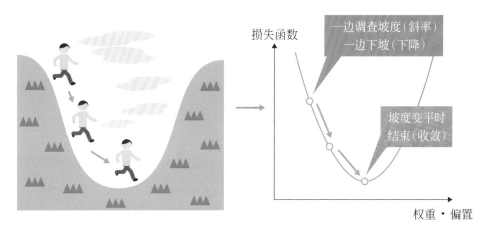

◎ 优化问题中的"局部最优解"

我们已经了解了使用坡度下降法，可以在不了解函数曲线形状的情况下获得最优解，那么坡度下降法是不是能在任何情况下都能实现求取最优解的目标呢？请思考一下下图的函数，和刚刚的函数不同，其是既有山峰也有山谷的复杂函数。这种有多个山峰和山谷的函数相对于刚刚那种凸函数被称为非凸函数。非凸函数和凸函数不同，不一定要使用坡度下降法。究其原因，计算求解的起点位置不同的话，走到的地方也不一样。比如从下图中○的位置开始计算的情况，到了坡底就得到了最小值，而从○的位置开始计算的话，就仅仅能得到一个小山谷的最小值。因此，从利用优化算法求出的解中，选出的确实是正确的解叫做全局最优解，而仅仅在某一个区间内的正确解则叫做局部最优解。话虽如此，最新的研究称"深度学习能够恰到好处地让模型利用局部最优解收敛取得最优性能"让传统的机器学习常识也失去了意义。

■ 全局最优解和局部最优解

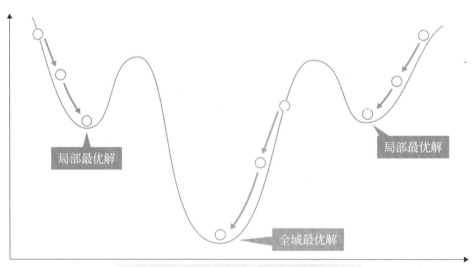

非凸函数需要花费时间防止局部最优解

◎ 具有代表性的最优化算法

最优化问题需要考虑的问题，除了局部最优解，还有收敛速度和学习率设定。收敛速度如同其字面意思，就是经过几次探索能实现收敛。学习率直截了当地说就是"探索中的脚步大小"。一步走太小的话要很久才能收敛，一步走太大的话又容易跨过最优解，所以必须谨慎设定。为了解决这些问题，各种最优化算法（optimizer）应运而生。

■ 各种最优化算法

SGD（概率坡度下降法）	利用每一个学习数据得到的损失函数的形态具有的微妙差异，在交换数据顺序的同时随机使用坡度下降法，来降低收敛到局部最优解的概率。对复杂的非凸函数效果不好，而且学习率设定困难，收敛速度慢
Momentum SGD	在 SGD 中增加惯性概念的算法，让坡度在下降方向具有"势"，加快收敛速度
Adagrad	迄今为止计算的坡度的合计，每个参数都使用不同的学习率，想要更密集地探索的参数就设定更小的学习率，想要大步探索的参数就提高学习率，如此进行高效率的探索
RMSprop	通过对坡度的合计求取指数移动平均值，更重视更近的坡度的改良版 Adagrad 算法
Adam	RMSprop 和 Momentum SGD 组合到一起获得的算法。收敛速度快，是目前最为常用的算法

📝 总结

▷ 模型的优化是损失函数最小化。
▷ "全局最优解求取的容易程度""收敛速度"是各种最优化算法的目的所在。

39 坡度消失问题

对神经网络进行训练的时候使用的是误差反向传播法，此时需要注意坡度消失问题。为了解决这个问题，需要使用各种方法。

◎ 坡度的传播

第37、38节中，我们学习了对神经网络进行优化的方法，特别是在第38节，学习了对于优化而言非常重要的函数微分（坡度）。神经网络中，这个坡度从输出侧向输入侧传播，坡度每次通过层，都会受到该层的坡度影响。换言之，通过层后，自身本来的坡度会和这一层的坡度求乘积。

层权重的优化过程中使用的坡度，可以考虑为自己这一层的坡度和右侧的坡度的乘积，也就是坡度×右侧坡度×更右侧的坡度×更更右侧的坡度×……这种计算方式。

■ 神经网络中坡度反向传播的示意图

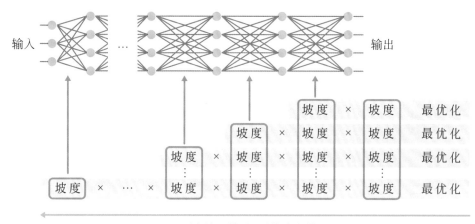

距离输入越近，乘的坡度越多

⊙ 坡度的乘法计算引发的发生坡度消失

对坡度求取乘积运算，是坡度消失问题产生的原因。因为神经网络的层越厚越能找到复杂的特征，所以层容易变厚。但是，层越厚，接近输入的层的计算需要做的坡度计算就会越多。坡度的值非常小的情况下，与该值做乘积运算的入口附近的层的坡度就会变得非常小。由于计算机能显示的值的范围有限，坡度过小后计算机就会将其显示为零。一旦坡度显示为零，以此为分界点再向输入侧接近的层的坡度就会全部归零，学习过程也就无法再继续了。像这种小坡度求乘积最终归零的问题，被称为坡度消失问题。比如，激活函数之一的Sigmoid 函数的最大坡度仅为 0.25，就非常容易发生坡度消失。为此，目前大多数算法的激活函数通常不选择Sigmoid 函数而用ReLU 函数（参考第 34 节）。

除了激活函数之外，不容易引起消失问题的方法有适当（使用 Xavier，He的初始值）初始化权重或者对数据的输入进行一种名为批量标准化变换方法。

■ Sigmoid 函数的坡度

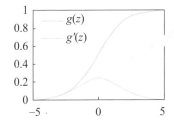

坡度 $g'(z)$
最大也只有 0.25 那么小的程度

$$g(z) = \frac{1}{1+e^{-z}}$$

✏️ **总结**

▫ 对坡度求乘积，容易导致坡度消失。

40 迁移学习

一般的机器学习，通常需要根据不同的领域、数据或者任务而选择建立不同的模型来进行训练。而使用迁移学习的话，可以实现一个模型在多个不同任务或者领域中的重复利用。

○ 迁移学习是什么

举个具体的例子吧，请想一下报纸杂志上的文章或者Twitter的推文。想要建立一个分析文章抽出其中话题的模型，考虑到文章和推文的文体有极大的差别，通常会针对文章和推文两者都建立专用的模型。这时候，尽管领域和数据在"文章和推文"的分类中仍有差异，而任务却都是"提取话题"。也就是说，将训练过的分析文章专用的模型初始化后，只需再训练其分析推文，就可以迅速高效地建立一个专门分析推文的模型了。通过这样的方法将已有的模型的知识转移到新模型中进行训练的方法就是迁移学习。

迁移学习如果进展顺利的话，不仅可以将已经经过充分训练的模型进行再利用，从而降低训练时间，还能提高训练结束时模型的性能。"从文章到推文"这样改变领域的迁移学习的方法，叫做领域匹配。

■ 迁移学习

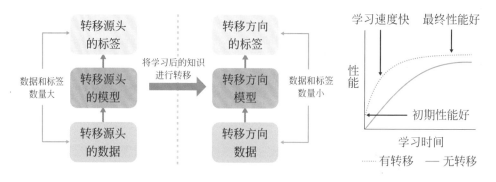

◎ 迁移学习的方法（特征提取和精细调整）

● 特征提取

传统的机器学习，是从数据中提取出有利于训练的特征将其作为输入数据的。但是深度学习只需要将数据（图像的话就是像素）原原本本输入进去，就能够输出正确的预测结果。这时，深度学习神经网络的最后一层，由于认为传达了有利于分类的特征量，所以截取了最后一层，连接上SVM之类的传统机器学习分类器，也可以有效地分类。

● 精细调整

图像识别使用CNN时，在第一层的时候只需捕捉一般的边缘特征，在最终层的时候根据任务捕捉一些不同的特征即可。比如人脸分类和猫脸分类，第一层捕捉边缘，中间层捕捉耳朵、鼻子和眼睛的特征，最后一层捕捉面部整体特征。其中，第一层捕捉的特征不会随着任务而改变，所以仅需要一次学习即可，不用重复学习。但是，最后一层捕捉的特征由于会随着任务变化而变化，所以需要多次学习。像这样，使用训练完毕的模型，仅仅将最后一层的特征调整为符合该任务的数据后再次进行训练（微调）的方法叫做精细调整。

■ 特征提取和精细调整

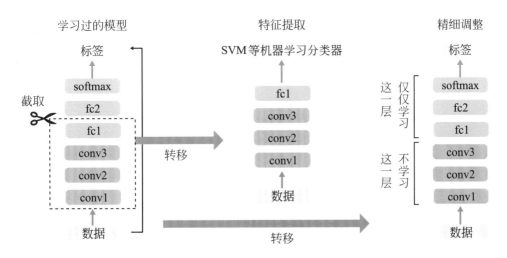

○ 迁移学习的挑战和相关领域

迁移学习也面临挑战，其中之一就是负向迁移（negative transfer）。当然这种迁移是指想要建立比通常的训练更好的模型，但是却建立了一个性能很差的模型的情况。迁移起点和迁移重点的任务如果相似性不高就容易发生这种情况，这点需要注意。

不同领域之间的迁移方法已经在本节开始的时候进行了介绍，下面就对领域匹配以外的迁移学习方法进行介绍。迁移学习的定义并不很明确，所以这些方法有些时候也被认为是迁移学习的相关领域。

● 领域混淆（domain confusion）

领域混淆是指通常在输出值之外，还输出了输入数据的领域。例如，古典音乐和流行音乐是两种不同体裁（领域）的乐曲，对乐曲的情感（悲伤的曲子、欢快的曲子）的分类任务进行建模。领域混淆就是建立将声音数据作为输入，输出的不止有曲子的情感还有曲子的体裁的模型。接下来，将正确输出情感的模型的体裁输出故意调节成错误后进行训练。通过混淆体裁的方法，来防止模型成为某个体裁专用的模型，以此来获得正确的曲子情感输出。

■ 领域混淆（使用神经网络的案例）

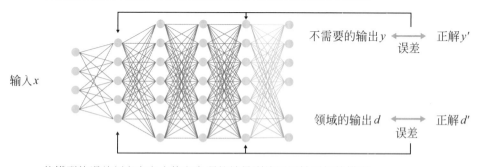

将模型向误差降低的方向调整就是向着得到正确输出的方向进发

不需要的输出 y ←→ 正解 y'　误差

输入 x

领域的输出 d ←→ 正解 d'　误差

将模型的误差刻意向变大的方向调整就是训练通用性更好的模型

● 多任务学习

多任务学习是对多个任务同时进行训练的方法。

这种情况通常使用的迁移学习是先针对特定的任务对模型进行训练，训练得出的结果再应用到其他任务中。

● One-shot学习（一次学习）

一次学习，是"举一反三"的学习方法。思考以下分类问题，现实世界中所有的分类，都不可能百分百地有标签数据来作为支持。为此，我们研究对某个标签进行一个训练数据（就是少量数据）的训练也能得出正确输出的学习方法。而且，对某些没有训练数据的标签进行研究，使其能够输出结果的学习，被称为Zero-shot（零次学习）。

■ 多任务学习（使用神经网络的案例）

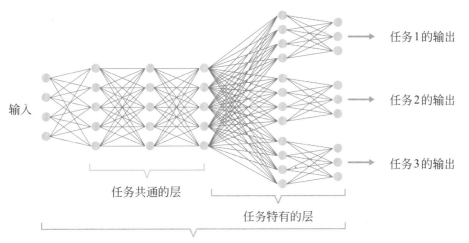

将这些内容综合到一起学习就是多任务学习

✏️ **总结**

▷ 某个领域专用的模型可以通过变化，被建立成为其他领域的专用模型。

公开数据集和已学习的模型

　　因为深度学习需要大量的数据，所以很多大规模的数据集都已向社会公开（见下表）。但是个人进行深度学习的时候，从头开始进行训练是非常不现实的。比如，图像领域的大型数据集，著名的ImageNet由超过1400万张256×256像素的图像组成，总容量超过100GB。个人进行深度学习的时候，先不说数据训练，如此大量的下载任务靠个人的能力都很难实现。为此很多著名的数据集都将训练好的模型在互联网上公开了。现在使用已经训练好的模型进行迁移学习，已经是常见的情况了。

　　近年来，自然语言处理任务中的迁移学习越来越引人注目。2018年，一种叫做BERT（bidirectional encoder representations from transformers）的自然语言通用模型被提出，使用迁移学习进行高精度预测已经成为现实。此外，使用各种语言的数据集训练后的模型也都被公开了。

■　主要被公开的数据集

图像	文字	声音
MNIST MS-COCO ImageNet Open Images Dataset VisualQA The Street View House Numbers（SVHN） CIFAR-10 Fashion-MNIST	IMDB Reviews Twenty Newsgroups Sentiment140 WordNet Yelp Reviews The Wikipedia Corpus The Blog Authorship Corpus Machine Translation of Various Languages 自然言語処理のためのリソース（京都大学） 青空文庫 livedoor ニュースコーパス	Free Spoken Digit Dataset Free Music Archive（FMA） Ballroom Million Song Dataset LibriSpeech VoxCeleb JSUT コレクション（東京大学）

第 **7** 章

深度学习算法

深度学习算法数量浩如烟海，而且仍然在继续增加。本章也仅能介绍一些具有代表性的算法而已，有兴趣的读者可以深入调查学习更多的算法。

41 卷积神经网络（CNN）

卷积神经网络（CNN），是神经网络中针对图像领域这种多维数组数据（矩阵·张量）特别强化的模型，在图像识别领域有着广泛应用。

● 为什么在数组处理方面有优势

图像数据，是通过由横纵方向的棋盘格上各像素的亮度组成的二维数组来表现黑白图像的。而彩色图像，则是由红绿蓝（RGB）三原色各自的亮度组成的三维数组来表现的。卷积神经网络（CNN）可以保持多维数组之间的位置关系对数据进行处理，这是因为在输入层中连同位置关系一起提取了数据，所以在后边的层中可以配合着位置关系进行处理，因此在图像识别领域非常常用。

■ CNN 可以保持像素间的位置关系

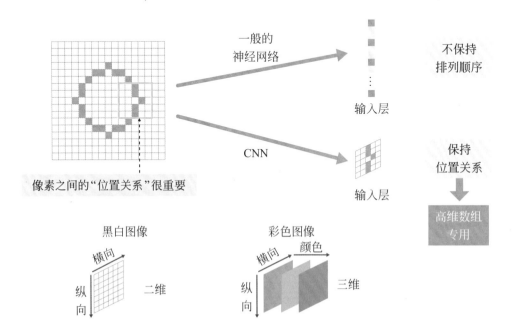

● CNN 的组成

　　CNN主要由卷积层（convolution layer）和取样层（pooling layer）、全连接层（full connected layer）3个层组成。一般的CNN，会像下图一样将卷积层和取样层交替堆积以后，再堆积若干个全结合层来构造。前面的部分主要是重复提取图像的特征，一层只能提取一些简单的特征，对提取特征后生成的图像进行相同的处理，可以表现复杂的特征。后边的部分中，将提取后的特征视为特征量，对这个组合进行预测或分类。如此使用CNN模型，可以建立一个输入猫、狗、人中的一些图片后得出相应标签输出的算法。

■ CNN 的基本构成

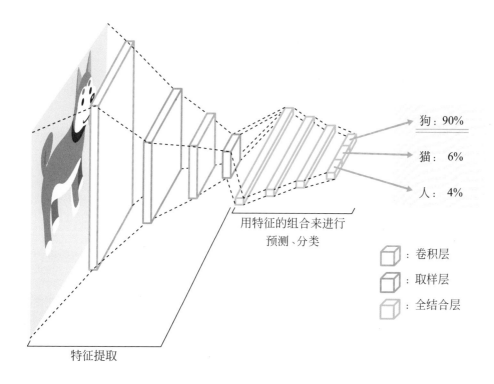

狗：90%

猫：6%

人：4%

用特征的组合来进行
预测、分类

：卷积层

：取样层

：全结合层

特征提取

　　了解了CNN简单的流程和构造后，下面详细介绍每一层具体的功能。

◎ 卷积层的作用

　　卷积层，被称为卷积滤波器，是给图像中添加对特定形状有反应的滤波器的一层。这种滤波器，都会随着训练的进程变化成为有利于标签判定的形状。比如用狗的图像进行训练的CNN，就会变成对狗的鼻子、眼睛、耳朵产生反应的滤波器。向其中输入新的图像时，卷积滤波器就会随着图像偏移1个像素，将结果映射到新的图像中。此时，和图像中的卷积滤波器一致的话，这些部分就会被特别着重表现出来，这个有特征的部分被着重表现出来的图像，叫做特征映射。另外，因为特征映射只生成卷积滤波器的数量，所以原本是一幅图像也可以生成多个特征映射。

■ 卷积是什么

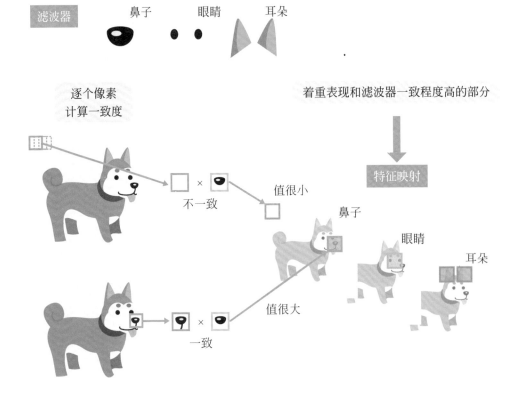

○ 取样层和全连接层的功能

　　取样层，是用很多同一尺寸的画框来框住一整幅图像的各个部分，再从这些画框中提取一个来形成一幅新的图像的层。值的提取方法有很多种，在CNN中使用比较广泛的方法是最大池化（max pooling），这是一种提取画框中最大值的方法，如下图所示。进行最大池化可以将4×4的数组缩小为2×2的数组，而且还能将画框中最大的数据提取出来。

■ 最大池化（max pooling）

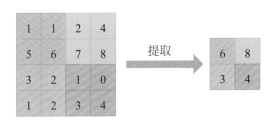

- 因为数组变小所以数据量就减小了
- 通过将取样层的多个像素数据整合在一起，可以灵活应对图像内物体位置变化和旋转情况的发生

　　最后要说的是全连接层。全连接层和普通的神经网络构造相同，可以读取经过卷积层和取样层的处理得到的特征映射，并提取其中特征量，最终通过输出层输出预测或者分类的结果。和卷积处理一样，全连接层可以通过多层堆积来实现对更复杂、更有效的特征量使用工作。

✎ 总结

▷ 卷积层乘到一起可以生成特征映射。

▷ 取样层可以通过画框处理实现数据压缩。

▷ 全连接层可以从特征映射中提取特征量进行预测和分类。

42 递归型神经网络（RNN）

RNN可以考虑数据顺序进行预测。对于文本数据或者价格推移数据来说，顺序才是最重要的，这时候就需要RNN出场了，近来其在文本数据方面的应用有着特别的进步。

递归型神经网络是什么

图像识别是将图像一个一个隔离出来进行输出，有时我们想在输入数据后得到数据1、数据2、数据3……这样的数据流输出（比如声音数据或者文本数据）。大家来考虑一个语言预测的案例，如果想要在"明天和家人___野餐"这个句子的空格中得到"一起去"这个预测结果，就需要将单词数据流按照"明天/和/家人/___/野餐"这个顺序输入。想要在神经网络中使用这样的数据需要有如下条件：① 输入数据不确定，② 能应对输入数据流过长的情况，③ 必须保持数据流的顺序。能够满足以上这些要求的就是递归型神经网络（recurrent neural network，RNN）。

■ 递归型神经网络

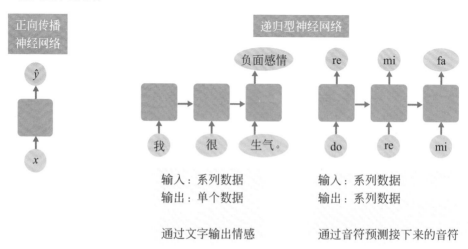

输入：系列数据　　　　　输入：系列数据
输出：单个数据　　　　　输出：系列数据

通过文字输出情感　　　　通过音符预测接下来的音符

174

⬤ 递归型神经网络的建立

请将左页中的"递归型神经网络"的图和本页下侧中的"RNN"图做下对比。RNN中增加了保存数据信息的回路。另外，和回路相连的网络部分被通称为递归单元，递归单元保持的状态被称为内部状态。将RNN图沿着时间方向展开，可以得到如右侧所示的如锁链状链接的网络。

下面来介绍一下处理的流程。首先，将x_0输入到递归单元中，x_0的内部状态被以内部状态h_0的形式记录下来。然后，以这个内部状态为基础预测$\hat{y}_0$。接下来，将x_1输入到递归单元中，内部状态h_1也和h_0一样处理，新信息x_1也被存储起来，基于这个内部状态h_1对$\hat{y}_1$进行预测。接下来如法炮制将x_2输入递归单元，将内部状态h_2和h_1一样处理存储x_2的信息，利用这个内部状态h_2来预测$\hat{y}_2$。如果用快速抢答来类比这个案例的话，读取的问题是输入x_0，x_1，x_2，…，听到问题后答题人记住的内容是递归单元的内部状态h_0，h_1，h_2，…，不断变化的解答者的答案预测是输出$\hat{y}_0$，$\hat{y}_1$，$\hat{y}_2$……

■ 类似快速抢答的 RNN 结构

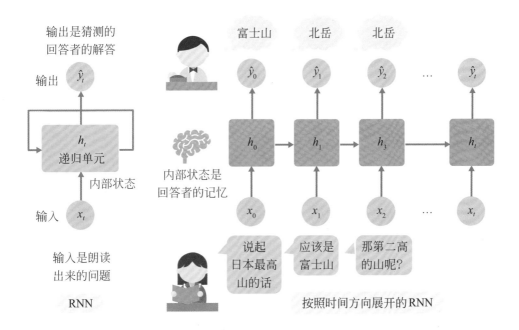

⊙ LSTM和GRU

一般的RNN会在时间方向上发生坡度消失问题，所以无法使用误差反向传播法进行训练。因此，输入的时刻无法一直盯紧很久以前的数据输出。解决这个问题的方法之一是叫做long short term memory（LSTM）的方法。LSTM的递归单元中，带有调整信息传递的门。一般的RNN接收了以前时间的内部状态和输入数据，并直接以此进行计算，LSTM则会先决定① 遗忘多少以前的数据（遗忘门）、② 获取多少新的数据（输入门）、③ 输出多少信息（输出门）之后再进行计算。因此，单元内部的构造会变得复杂。使用一种名叫gated recurrent unit（GRU）的方法会使LSTM的构造变得简单。GRU是进行① 含弃多少信息（重置门）和② 获取多少信息（更新门）这两个阶段的计算流程。

■ LSTM

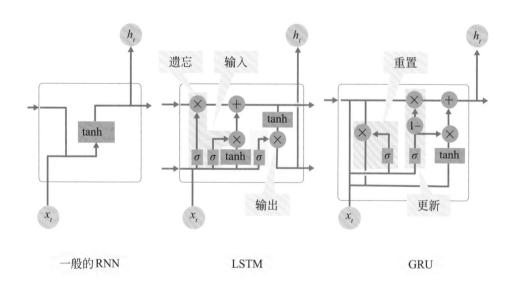

一般的RNN   LSTM   GRU

● 双向RNN和Seq2Seq模型

一般的RNN中存在的坡度消失问题，被LSTM方案解决了。从LSTM是 long short term memory（长期短期记忆）的首字母可以发现，LSTM即使读取比较长的数据系列时也能通过活用长期记忆来实现预测。但是，如果遇到极端冗长的数据的话，那么即使是LSTM有时候也无法保证最初的输出不会被忘掉。双向RNN（bidirectional RNN）则是不仅可以从前向后预测，还能从后向前预测的模型。数据不仅仅能从最初开始按顺序读入，也能逆向读取，可能实现预测精度的提升。

在此之上，双向RNN等新提出的RNN方案，就是为了自然语言处理任务提升精度的目的而来的。特别是机器翻译，因为RNN的介入而使得精度大幅度上升。机器翻译主要使用sequence-to-sequence（Seq2Seq）模型。首先，将单词序列输入（encoder）中，内部状态则由输入的单词系列压缩而来，接下来，将内部状态输送给别的RNN（decoder）的最初输入，完成对单词系列的输出。

■ 双向 RNN 和 Seq2Seq 模型

双向 RNN

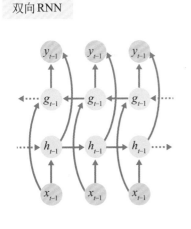

Seq2Seq

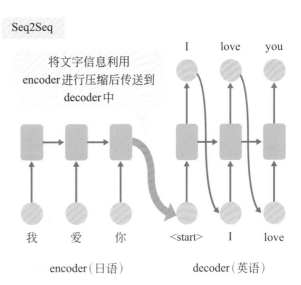

将文字信息利用
encoder进行压缩后传送到
decoder中

encoder（日语）　　　　　decoder（英语）

○ Attention 和 Transformer

前文介绍的 Seq2Seq 模型，是将单词系列输入一次 RNN（encoder）并对其信息进行压缩后，再输入其他 RNN（decoder）将其复原为单词系列。如此之后，日语和英语这种语法相似的语言，就不用陷入生硬的逐字翻译了。但是，由于无论如何都要将文章的信息压缩到一个最终内部状态，encoder 和 decoder 之间的信息就会产生瓶颈。为此，就有研究人员提出了另一种将单词系列没有完全输入的内部状态也输入 decoder 中的方法，这就是 attention 结构。由于这种结构是在不断变更 encoder 内部状态的着眼点的过程中将单词输出，所以翻译精度能够得以提高。

而近期一种名叫 transformer 的模型又引起了学界的注意。transformer 依然使用 encoder-decoder 的构造和 attention 结构，但却不再使用 RNN 了。transformer 拥有一种名叫 self-attention 的结构，self-attention 可以弄清楚"某个单词和文章中的一个单词有多强的关联"，故可以提高上下文判断的精度。

■ 带有 attention 结构的 Seq2Seq 和 self-attention 的可视化

配有 attention 结构的 Seq2Seq 模型

除了最终状态以外的内部状态也输入到 decoder 中

I love you

我 爱 你

encoder（日语）

<start> I love

decoder（英语）

self-attention

可以根据上下文显示与 it 关联度高的单词

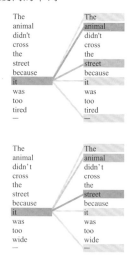

● ELMo和BERT

在RNN或者自然语言处理的相关话题中，总是很容易提到ELMo（embeddings from language models）和BERT（bidirectional encoder representations from transformers）。ELMo和BERT的名字是来源于美国的一档儿童节目"芝麻街"中的人物，这么一说，是不是有一些亲近感了呢？

● ELMo

让我们回忆一下单词的分布表示吧。分布表示是通过将单词用数值的排列进行表示，让电脑能够理解单词意义的一种表示方法。传统的分布表示可以形成和单词的一一对应，即哪怕由于上下文的改变造成了单词意义的变化，分布表示也不会发生变化，导致计算机无法根据上下文捕捉到单词意义的变化。但是，通过基于LSTM的ELMo，可以根据上下文实现改变分布表示的目的。

● BERT

通用语言模型BERT，可以像ELMo一样输出单词的分布表示。BERT使用transformer而不是RNN，比一般的ELMo具有更好的分布表示能力。具有更加优异的分布表示能力就能够提升自然语言处理工作的精度，BERT在多个工作上已经取得了SOTA（state of the art，最高水平）的成绩，今后的进一步应用也受到了广泛关注。

✏ 总结

▶ RNN可以将数据系列按顺序排列，可以应用到声音数据和文本数据上。

▶ LSTM解决了RNN存在的坡度消失问题。

▶ 借助于Seq2Seq和Attention，机器翻译的精度得以提升。

Chapter 7

43 强化学习和深度学习

强化学习是近年来万众瞩目的一种技术。2017年，一个名为AlphaZero的程序在通过几个小时的学习后，就在国际象棋、将棋和围棋上获得了超过人类的能力，一时间风头无两。

● 行动的价值（Q值）

强化学习是很多学习的依托算法，但是有模型和无模型之间是有很大区别的。有模型基于"根据自己所处状态决定自己应当采取的行动，环境变化后，将会获得怎样的回报"的思想来决定行为。而无模型则不需要考虑环境，仅仅根据"自己处于什么状态，采取什么样的行动是好的"来积累自己的经验。无模型的方法，分为基于价值和基于决策两种。基于价值的算法，是推测"在某种状态下采取行动的适应性有多少"这类价值（行动的优秀度），而基于决策的算法则是学习"某种状态中以多少的概率采取什么样的行动"这种对应关系。

■ 形形色色的强化学习算法

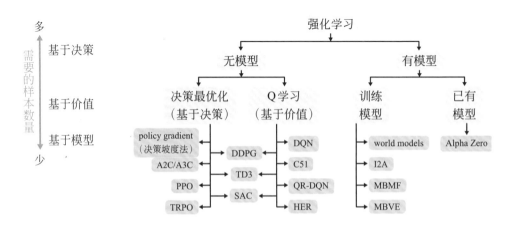

180

Q学习和DQN

Q学习是基于价值的方法，是学习"某种状态中已采取行动有多少适应程度呢"这种行动的价值，即（状态，行动）→行动价值对应更新。下表的棋盘格数量表示的就是状态×行动的数量，当状态和行动的数量增多时，棋盘格的数量就会爆炸性增加，存储这个表格就变得极为困难。解决这个问题的DQN则不是（状态，行动）→行动价值对应的表格，而是对状态输入后得到各行动对应行动价值的输出的神经网络进行训练。实际的DQN，并不是仅仅用神经网络替代这个表，而是在各种方面都做了努力。其中之一就是experience replay（经验回放），行动、行动前后的状态、报酬的记录这些可以多次被用在训练中。

DQN应用在电视游戏中的时候，状态在电视游戏画面中、行动是按动了游戏机的什么按键，是如此的对应关系。另外，网络采用了图像识别的优秀算法CNN。实际上，在一个名为雅达利2600的电视游戏的一部分中，计算机已经在基于DQN的训练后超过了人类取得的成绩了。

■ Q学习和神经网络

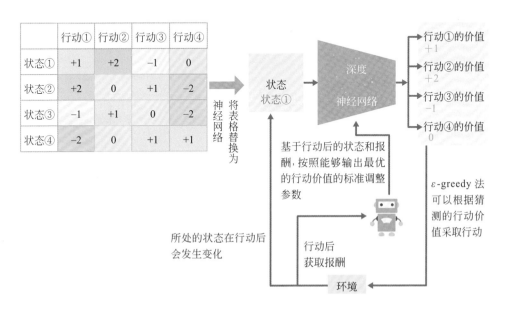

181

ε-greedy法

Q学习是学习"这个行动有多少的价值"这种行动价值，然后，由行动主体（代理人）来看到那些行动的价值，并对行动进行选择。这时候经常选择ε-greedy法作为行动选择方法。ε-greedy法，就是选择1-ε概率时价值最大的行动，以ε的概率来随机选择行动的方法。其并不是永远选择价值最大的行动（greedy法），偶尔也会选择一些荒唐的行动（ε-greedy法），这种方法被认为是优秀的。

为什么这种方法就好呢？那是因为如果完全循规蹈矩的话就没有发现思路的机会，不走寻常路的次数过多又会影响学习效率，这就是目的至上和推陈出新的一种折中。假设，玩很多次A和B二选一的抽签，在不断地抽签（从A开始抽）的过程中，会出现第一次中奖。这个时点，因为是从A中抽出一只签，而没有抽出B的签，那么就会出现抽取A的"价值"＞抽取B的"价值"的情况。如果此时采用选择价值最大行动的方针的话，就会一直选择A。选择B也是有可能中奖的，但是从A中奖之后就再也不会得到选B的对策了。偶尔选择一次价值不是最大的选项，也是出于这个考虑才做出的。

■ ε-greedy法

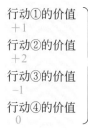

行动①的价值 +1
行动②的价值 +2
行动③的价值 -1
行动④的价值 0

选择价值最高的行动（概率1-ε，活用）
胡乱选择行动（概率ε，探索）

※ε赋予0,1之类的小的值

ε=0的话就没有开拓新的行动的可能性

活用和探索之间的折中

ε越大
学习效率越低

◉ 对策坡度法

接下来，介绍一种与推理行动价值的Q学习法不同的方策勾配法。对策坡度法并不推测行动价值，而是求取某种状态下"应该以什么概率采用什么行动"。由于行动是根据概率确定的（并不是一直采取同样的行动），所以就不需要使用ε-greedy法了。基于价值的Q学习，如果可以采取的行动数量非常大的话，就没法好好进行学习了，加之，Q学习无法以概率决定行动。为了解决上述问题，提出了基于对策的方法，基于对策的对策坡度法的输出是执行各种行动的概率。输入状态，深度学习神经网络输出执行各种行动的概率。对策坡度法中具有代表性的算法REINFORCE首先会不断重复行动，然后收集状态、行动、报酬数据。收集到数据后，将高报酬的行动的概率提高，低报酬的行动概率降低。在学习训练数据期间，输出结果虽然会变得不稳定，但是获得稳定结果的时间很短，这是对策坡度法的优点，而这种方法的缺点则是学习需要的数据量很大。

■ 对策坡度法（应用神经网络的案例）

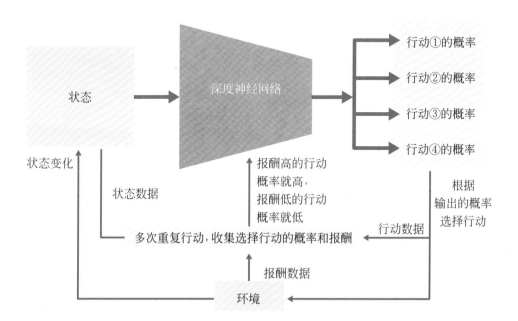

◎ Actor-Critic

Actor-Critic 是基于价值和基于对策方法的组合。接下来的一个案例我们是以使用神经网络来说明的，需要注意的是，Actor-Critic 并不一定需要使用神经网络。

基于对策的 actor 中输入状态后，输出各个行动概率的神经网络，和基于价值的 critic 中输入状态后输出状态价值（置身于现在这个状态有多少好处）的神经网络相组合，critic 可以计算出状态价值。Actor 的基于行动得到的报酬，和 critic 计算出来的状态价值信息合在一起，来更新神经网络的参数。名为 A3C（asynchronous advantage Actor-Critic）、A2C（advantage Actor-Critic）的方法和 Actor-Critic 算法合在一起可以提高学习效率。

■ Actor-Critic（使用神经网络的案例）

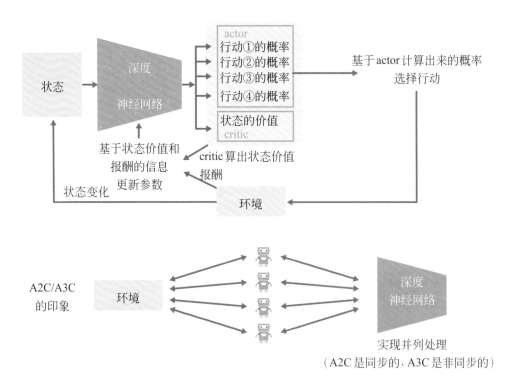

用OpenAI Gym体验强化学习

前文简单地介绍了强化学习的基础，有兴趣的读者可以登录"OpenAI Gym"尝试下强化学习的仿真平台。官方文档中有相关使用教程，实际操作下就可以感受到强化学习的乐趣了。这个平台上还有一个基于强化学习的马车上山游戏，还能玩一个类似于打砖块的经典游戏，可以愉快地体验强化学习。网站上还可以自制游戏，请一定要参考官方文档来挑战下。

■ OpenAI Gym

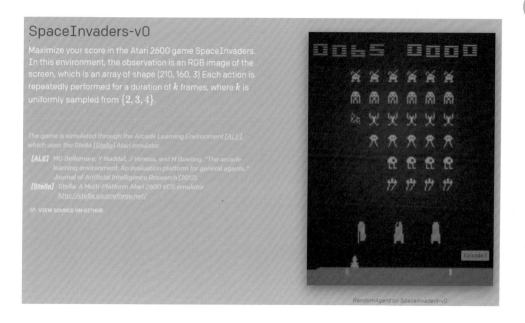

RandomAgent on SpaceInvaders-v0

总结

▷ 强化学习的代表算法是Q学习、对策坡度法和Actor-Critic。

44 自动编码器

自动编码器（Autoencoder）是将输出训练成和输入一样的神经网络。虽然结构很简单，但是其除了降维之外，还具有噪声去除和新数据生成的功能，是一个非常有意思的算法。

● 自动编码器是什么

自动编码器是一种无监督学习的神经网络。自动编码器最大的特征是建立一个具有"输出的是和输入数据一样的数据"的神经网络。一般来讲，把输入数据原原本本输出模型是没有任何价值的，但是自动编码器却非常重视其"中间层"的作用。

自动编码器的神经网络，具有一个比输入输出层节点少的中间层，节点少意味着能够表现的信息量少。比如我们考虑一个具有输入输出层和一个中间层的自动编码器，如下图所示。这个模型在以输出和输入相同数据为前提训练的时候，中间层是一个"瓶颈"，无法将信息原原本本地传递过去。

■ 自动编码器的构造

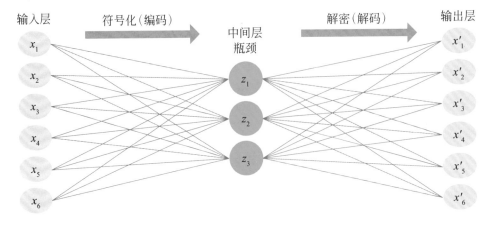

◉ 编码（encode）和解码（decode）

信息无法原原本本地传递，实际就是因为受到"中间层展现信息"的限制。其中的模型，就是以最大限度将输出层复原为输入层数据为目的进行学习的，即用少量的信息表现同样的数据。这是利用降维操作（参考第32节）在神经网络中进行的。换言之，自动编码能够利用降维算法。如此一来得到的瓶颈部分的各个节点的数据就被称为潜在变量。而且，从输入层到瓶颈的部分中，由于节点减少所以导致数据被压缩，这部分的处理，叫做编码（encode）。另一侧从瓶颈到输出层的部分，从潜在变量复原为原来的数据，这部分处理叫做解码（decode）。如此将编码和解码连接在一起，自动学习最佳编码方法的过程，就是自动编码（自编码器）这个算法名字的由来。

■ 基于自动编码的降维操作

自动编码器进行降维操作的情况下，仅仅需要分离模型的编码部分，将潜在变量当成输出层取出即可，潜在变量就会被直接压缩成数据。另外，利用自动编码的"信息压缩"的特征的开发产品会在下文进行介绍。

○ 多种多样的自动编码器

为了能对自动编码器进行更高效的训练，研究人员们开发了各种各样的改良版。

CAE（convolutional autoencoder）是适合图像学习的自动编码器。卷积神经网络（CNN）是通过捕捉图像特征来达到适应图像学习的目的的，自动编码器也是同样原理。自动编码的编码器部分由卷积层和取样层组成，解码器的部分由卷积层和上采样层（扩大图像尺寸的层）构成。

DAE（denoising autoencoder）是在原本的数据中加入了干扰后输入，除去噪声后重现数据的一种方法。通常自动编码器是很能抵抗输入干扰或突变的（鲁棒性高），具有更好的再现性能。

■ CAE（上段）、DAE（下段）的网络构造

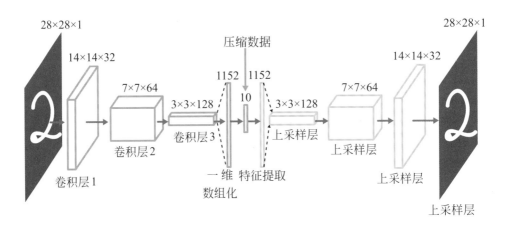

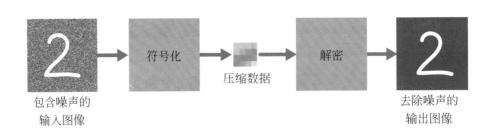

○ VAE（variational autoencoder）

至此为止介绍的自动编码器，都仅仅能做到使输出和输入数据一致的功能。但是，VAE（variational autoencoder）却能输出和输入有略微差距的数据。和通常的自动编码器不同，VAE会对中间层压缩的特征求平均值和方差，然后使用这个平均值和方差来制作中间层的新特征，以求输出新的数据。比如，输入人的全身图像数据，中间层会计算出身高的平均值和身高的方差情况，并以此为基础，输出各种身高的图像，VAE大概就是这样的一种算法。从实际使用VAE生成的图像可以看出，各个角度上面部图像的生成都是成功的。

■ VAE

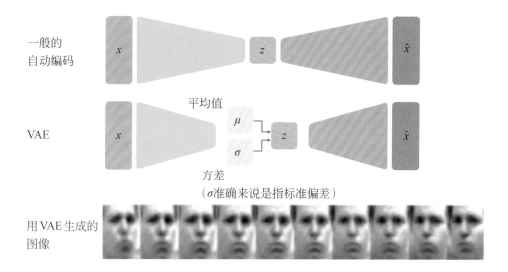

一般的自动编码

平均值

VAE

方差
（σ准确来说是指标准偏差）

用VAE生成的图像

✏️ **总结**

▷ 自动编码器可以进行降维操作。

▷ VAE可以生成新数据。

45 GAN（生成对抗网络）

GAN是一种利用深度学习对数据不仅进行预测和分类，还能进行"生成"操作的具有划时代意义的算法。实际使用中既可以生成新的图像，也可以对图像的内容进行"增删"。

● 生成不存在的数据

GAN（生成对抗网络）是一种无监督学习。通过对数据进行训练，可以生成并不存在的图像之类的数据。因为这个能力，其有传统电脑不具备的"创造性"，且通用性好，所以这个算法在机器学习、深度学习以外的领域也广受瞩目。

GAN如下图所示，是由两个神经网络连接在一起组成的。这两个神经网络被称为生成器（generator）和识别器（discriminator）。通过GAN生成不存在的数据的方法常常被比喻为"制造假币的造假者"和"看穿假币的警察"。造假者（生成器）为了不被警察看穿而制作更精巧的假币，而警察（识别器）力图区分出真正的纸币和假币。如果二者反复竞争，预计伪造者就可以制作出无限接近真的假币。这个竞争就是GAN学习的原理了。

■ GAN 是造假者和警察？

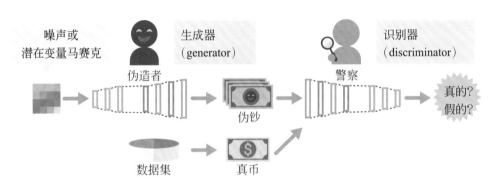

● "识别"和"生成"

GAN通过学习所进行的工作，就是"识别"和"生成"。此处的识别，是指将图像之类的实物数据转化为色调或者形状之类的抽象数据。另一个生成，则是指以抽象数据为基础，生成类似于实物的数据的操作。此时，实物的数据成为"观测变量"，抽象数据被称为"潜在变量"，GAN中的识别器进行识别操作，生成器进行生成操作。

虽说如此，生成器也不能什么都不输入就凭空生成数据。因为如果不让生成器内发生一些变化，输出的数据也不会有变化。所以，GAN进行学习的时候，生成器会输入干扰。因为输入随机值的时候，会生成各种模式的数据。此外，想用训练过的生成器生成新数据的时候，也可以不输入干扰而是输入潜在变量，指定了输入的潜在变量后，生成的数据的内容在某种程度上就已经被指定了。

■ "识别"和"生成"

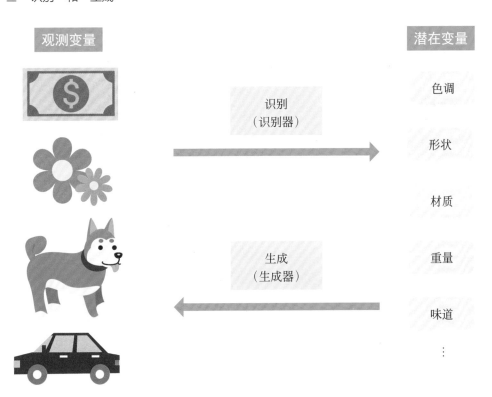

○ GAN的可能性和挑战

● 生成不存在的数据

使用GAN可以生成不存在的数据。比如下例中，大量生成了实际上不存在的卧室的图片。传统的技术也可以生成不存在的数据，但是不能生成这么高分辨率的图像。在生成优于传统技术所生成数据精度这方面，GAN具有非常大的优势。

■ 不存在的卧室

● 数据属性的计算

GAN还能实现通过对训练过的数据的属性进行加减运算而生成新的数据。右页中，从"微笑的女性"到"女性"属于减法运算，然后在其上通过加运算增加一个"男性"属性，就生成了"微笑的男性"的图片。除此之外，再使用"太阳镜"这个属性进行加减运算的话，就可以从"戴着太阳镜的男性"的画像生成"戴着太阳镜的女性"的画像了。

■ "微笑的女性" - "女性" + "男性" = "微笑的男性"

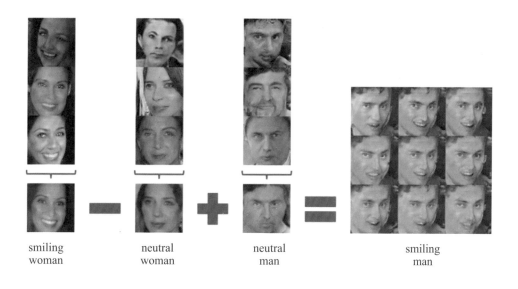

| smiling woman | neutral woman | neutral man | smiling man |

● 文章数据的文字提要

　　GAN和自然语言处理算法组合在一起后，可以将只有文字记载的事物转化为图像。比如，鸟的羽毛和胸前颜色都在文章里有所指定的话，就可以生成相关图像。

　　虽然GAN可以在各领域有着出色的发挥，但是实际使用中又有着各种挑战，其中之一就是学习时存在不稳定性。GAN由两个神经网络彼此相互促进着学习，二者的平衡是很重要的。任何一方的性能优势过于明显的话，生成器都会要么生成没有意义的图像，或者根据学习方向性生成的数据有严重偏向性（模式崩溃）。这种情况，就需要对两个神经网络的参数进行调整，使二者恢复正常的平衡性。

总结

▷ GAN可以生成不存在的数据。
▷ 生成器和识别器的平衡是关键。

46 物体检测

识别图像中有什么东西的技术叫做物体检测。本节介绍的是物体检测算法的发展历程和最新算法的特征。

● 物体检测是什么

物体检测是指检测图像中特定物体的标签或者其位置。一般来说，这项任务就是在图像中生成一个如下图所示的矩形"边界框"一样的分隔符，将其中包含物体的标签输出。

第41节中介绍的图像识别是识别图像中包含物体的标签，而物体检测则还需要再确定位置。物体识别算法在数十年前出现的数码相机的人脸检测功能中就存在了，但是现在，技术的进步让其发生了飞跃性的性能提升，呈现向多领域扩展的趋势。

■ 物体检测是什么

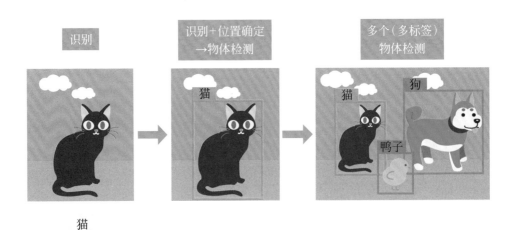

物体检测技术的发展① (sliding windowmethod+ HOG 特征值)

物体检测，主要任务是决定"关注哪里"的关注位置确定和推测物体的标签两个。这两者现在都已经有了多种多样的方案，下面就举出几个具有代表性的方法，介绍其发展流程。

● sliding window method+HOG 特征值

在严格考虑关注图像的位置之后，最简单的方法还是"考虑全部"。sliding window method 就是把整幅图片用若干个大小不一的窗口（框架）框住，同时将图片裁剪为囊括所有内容的部分，然后推测所有的标签。因为已经包含了整幅图片，所以理论上是不会有遗漏的。然而，实际使用上如果将图片的所有部分用各种各样的模式进行裁剪来遍历将会造成庞大的计算量，未来的主要研究工作就是如何削减计算量。

此外，这个时期的标签推测是使用支持向量机（SVM）对裁剪的区域计算出来的 HOG（histograms of oriented gradients）特征量进行分类的。这是一种计算负荷比较低的方法，这种方法随后被基于深度学习的算法代替了。

■ sliding window method+HOG 特征值

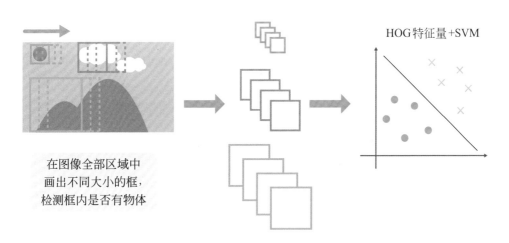

在图像全部区域中
画出不同大小的框，
检测框内是否有物体

HOG特征量+SVM

⬤ 物体检测技术的发展②（region proposal method+ CNN）

⬤ region proposal method + CNN

反省了利用sliding window method会造成计算量大量增加的问题后，就有了先在算法中提出（propose）"可能有物体"的区域（region）的算法，这就是region proposal method。因为可以仅仅裁剪可能有物体的区域，所以降低推测需要的计算量就成为了可能。另外，推测标签的算法，也因为使用了深度学习算法之一的卷积神经网络（CNN）而使物体检测精度大增。

但是还是存在一些问题。"可能有物体"这个判断本身的精度就不是很高，而且，研究人员发现region proposal method自身也有一定计算量这个问题也是需要解决的。具有代表性的算法有R-CNN、Fast R-CNN等。

■ region proposal method+CNN

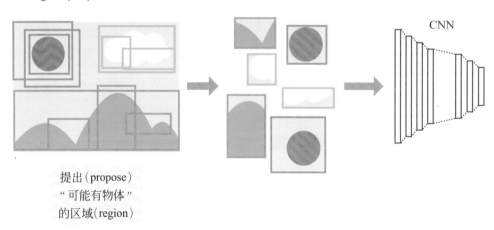

提出（propose）
"可能有物体"
的区域（region）

⬤ 物体检测技术的发展③（end-to-end）

⬤ end-to-end

最后介绍的是end-to-end算法。近几年的物体检测主流算法是利用一个神经网络来进行关注位置的确定和标签推测。至今为止的算法都是将一幅图片裁剪很多次，之后再推测其标签，算法只要有一幅图像输入就能进行物体检测。这只不过是将两个算法组合成为一个算法而已。将关注位置确定和标签推测作为一种具有关联性的处理，从而可以利用神经网络来进行优化，所以能快速实现高性能物体检测。具有代表性的算法是Faster R-CNN、YOLO、SSD等。

我们已经介绍了物体检测算法的发展流程，但是实际使用的时候还是需要自己确定使用哪一种算法。end-to-end算法是最新的，且在各种任务中发挥出高性能，大家基本都会使用类似于end-to-end的算法吧。

此外还要为大家介绍一下end-to-end算法中具有代表性的3个算法，如下图所示。一般情况下，物体检测的识别精度和处理速度是一个需要折中的关系，所以还需要根据想要达到的性能来选择算法。

■ 物体检测算法的特征比较

	识别精度	处理速度
Faster R-CNN	◎	△
SSD	○	○
Yolo	△	◎

用于训练物体检测算法的数据集，不仅需要物体的标签信息，还需要边界框的信息，所以会比制作图像识别的数据集的负荷更大。很多企业和团体都公开了用于物体检测的数据集，这是为大家提供了测试算法性能的优越条件，可以多加利用。

● Open Images Dataset

Google公开的通用数据集。V5（第五版）已经有1500万以上的可用数据了。此外数据集的一部分还是沿着物体轮廓生成边界框的分割掩膜，下一代物体检测算法也可以使用。下图左侧是"apple"的检索案例。

● Cityscapes Dataset

由以梅赛德斯·奔驰等品牌闻名的戴姆勒公司提供的自动驾驶数据集。这是从实际在路上行驶的汽车上取得的数据，也支持分割掩膜功能。下图右侧是德国城市"蒂宾根"的街道。

■ 各种各样的物体检测数据集

 总结

▶ 物体检测考虑"关注哪里"和"那是什么"。

第8章

▼

系统开发和
开发环境

终于到本书最后一章了。本章，我们来
确认下想要进行机器学习或者深度学习需要
什么样的开发环境，会从主要的编程语言、
框架介绍到计算机零件的规格方面。

47 人工智能编程使用的主要语言

编程语言是人类向计算机传达命令的语言。如同人类语言会由于地域和习俗原因而不同，编程语言也会由于程序的目的和运行环境而不同。

◎ 选择编程语言的要点

不光是人工智能编程，各种编程中选择编程语言最关键的一点是符合目标的要求，对于工程师来说，选择编程语言甚至关系到他们未来的职业生涯，这并不是危言耸听。因此这里给编程零基础的读者介绍一些具有代表性的人工智能编程语言和其特征。首先，下表列出了选择编程语言时，需要关注哪些方面。

■ 需要关注哪些方面呢

关注点	原因
人工智能库的丰富程度	库，是将使用频率较高的程序进行封装的一个类似"工具箱"的存在。如果没有库的话想用程序就只能从头开始自己编写，会极大地增加工作时间，这是一个关键问题
学习难易程度	对于初学者来说，学习的难易程度是一个非常重要的因素。这里说的学习起来简单，不仅是指语法简单，另外需要环境的搭建这种导入难度也很低才可以
用户社区的规模	学习编程时，比编写程序更费时费力的，是修正程序错误的"Debug"。程序不能正常运行的情况下，计算机虽然会报出"错误代码"和发生原因，但是对于初学者来说，对这些提示更多时候是不明所以。这时候我们最好的工具，就是这门编程语言的用户社区。社区规模大的编程语言，经常是搜错误代码就能得到相应的解决方案，这种学习环境对于初学者来说是很友好的

⚪ 主要的编程语言①Python

综合以上关注点做出选择的话，应该选择Python。Python是一门科学计算用的编程语言，在多领域都有应用。在众多的编程语言中，能够如此符合初学者入门诉求的语言，应该只有Python了。这门语言的特征如下所示。

● 人工智能库丰富

由于Python在世界范围内被广泛应用于学术研究领域，其在各种领域都拥有科学计算用的库，人工智能库也很丰富。

● 语法简单，学习容易

Python是以容易看懂为目标开发的。代码量小，而且在缩进上从语法层面做出了规定，其代码相对而言是初学者比较容易读懂的。

● 用户社区庞大

目前，Python是可以称为世界级大热门的编程语言，用户社区内的讨论自然非常活跃。

● 可以一边编写一边执行，能够试错

Python不需要进行编译（编写好的程序通过计算机转换成为比较容易运行的语言）。这种类型的语言叫做解释型语言。对于初学者来说，程序运行前不用进行编译这一点，是通过试错进行学习这种方法的一个重大利好。

⚪ 主要的编程语言② R语言

R语言，是专门用于统计、数据分析的编程语言。最开始只有大学和研究机关在使用，最近也在数据分析工程师和普通企业中被广泛应用。这门编程语言主要有如下特征。

● 统计和人工智能库丰富

因为被广泛用于统计、人工智能研究，R语言拥有大量统计、人工智能研究的库。此外，数据分析中数据可视化最重要，使用R语言，仅需要用简单的语句调动库函数，就可以实现非常好的图形表现。

● 可以接触到最先进的算法和技术

统计、人工智能领域最前沿开发的算法中，很多都是用R语言完成的。而且，因为在Kaggle等大赛上获得前列名次的程序也有很多都是用R语言编写的，所以可以借鉴一些数据分析的技巧。R语言社区中，很多都是英文资料，因此在学习的时候需要参考英文文献。

● 数据科学的第一语言

近年来，对于从事大数据分析的数据科学家的需求急速上升。数据科学家主要使用的编程语言除了Python就是R语言了，因此对于想成为数据科学家的工程师们来说，R语言是一个非常不错的选择。

◎ 主要的编程语言③ Java

Java是在全球各种流行的编程语言中长期名列前茅的编程语言。从操作系统到网络服务，Java在各种用途中都有涉猎。其主要具有以下特征。

● 不依赖平台

Java最优秀的一点就是通用性。一般的编程语言，针对Windows或者macOS等不同平台开发不同的版本，而Java语言，只要是在支持的平台上，都可以用同一个程序运行。即使用Java的话，无论是在Windows PC上，还是在Android智能手机上，都可以开发出能够运行的人工智能。

● 跨平台协作

Java可以在操作系统、Web服务、游戏等各个领域中使用，可以将形形色色用Java编写的人工智能库组合开发出各种新内容。

● 用户社区庞大

因为Java的应用领域非常广泛，所以面向初学者的文章无论是在网络上还是在书中都很容易找到。

总结

▷ 编程语言的选择应该兼顾人工智能库、学习的难易程度、用户社区的大小这些关注点。

▷ 根据介绍的关注点来看，初学者更适合学习Python，但是R语言和Java也有各自的学习优势。

Chapter 8

48 机器学习的库和框架

机器学习一般按照"数据获取"→"预处理"→"机器学习"的步骤进行。在利用程序实现的过程中，活用形形色色的库，可以让编程更加高效。

◎ 机器学习的流程和库

机器学习的实现，不仅仅是编写代码这么简单，数据操作和预处理的库也很重要，需要根据数据的形式选择合适的数据操作和预处理的库。

■ 机器学习的流程和库

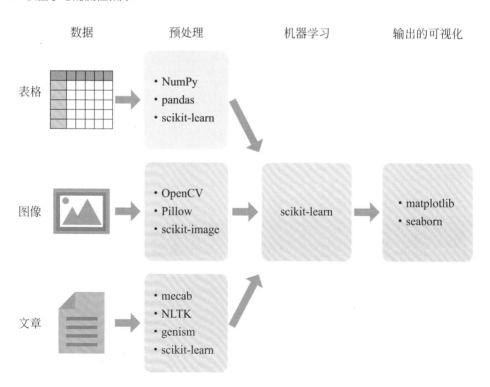

◎ 每种数据类型的机器学习库

Python中最受欢迎的机器学习库是scikit-learn。"有监督学习（回归）""有监督学习（分类）""无监督学习（聚类）""降维"等算法和第4章介绍的基本算法基本上都被包含在scikit-learn中。官方网站中有对库的内容进行直观介绍的"速查表"，如果遇到问题查询一下就能找到适合自己问题的备选算法了。

■ scikit-learn

◎ 支持Python实现科学计算的"NumPy""pandas"

编程过程中将数据存入"变量"的操作需要进行各种处理，一般来说用编程语言进行科学计算所必需的数组数据操作都很繁琐。而Python就可以比较高效地进行上述运算，从数据读取到输入进机器学习的过程，仅仅需要非常简洁的程序即可表述。这其中离不开NumPy和pandas两个库的大力辅助。下文开始就对这两个库进行详细介绍。

NumPy是封装了处理多维数组各种操作功能的库。不仅仅是数据的存储，还有对数据的线性代数、傅里叶变换和随机数生成等数学处理。Python在传统科学运算速度上被认为逊色于C语言，所以NumPy为了解决这个问题，实际上是用C语言来实现的，这样就可以兼顾"Python的编程难度低"和"C语言的运行速度快"两种优势。

而pandas在数组操作方面同样是专门用于数据分析的库，比如说在Microsoft Excel中可以辅助对公式的数据进行各种各样的处理。从CSV或者Excel格式的文件中读取数据，进行排序、缺失数据补充、统计处理等操作。这些都和NumPy一样，通过用C语言实现来保证运行快速性。

◉ 文章数据的预处理是"mecab""NLTK"

自然语言处理中，已经说明了对文章数据进行"词素分析"的必要性（参考第36节）。词素分析需要针对数据的语言进行不同的操作。Python的库中，经常被调用的有日语的词素分析"mecab""janome"，英语的词素分析则是"NLTK""TREE TAGGER"。

◉ 图像数据的预处理是"OpenCV"

OpenCV是包含了多种计算机图像视频处理程序的库。除了Python之外还使用C++和Java等其他语言，是一种非常标准的库。除包含图像模糊、二值化、灰度和缩放、旋转等基本操作以外，还有重视图像中边缘的边缘检测和直方图计算等，网罗了各种进行机器学习算法输入前必要的预处理操作。

■ OpenCV

边缘检测 直方图的计算

   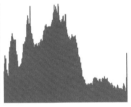

◎ 数据可视化是"matplotlib"

机器学习后需要对取得的数据或者预测、分类结果进行确认，所以将数据表现得容易观测就是一件非常重要的事。Python的数据可视化领域中比较常用的是matplotlib。这个库不仅可以实现折线图、柱状图等基本图表，还可以实现直方图之类的统计用图表，乃至确认数据分散程度的3D散布图等多种形式的数据可视化。

■ matplotlib

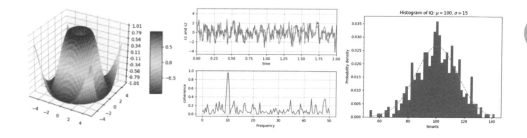

总结

▶随着学习数据种类的变化，库也有所变化。

49 深度学习的框架

　　用深度学习的一套工作流程从头编写代码是非常繁杂的，使用框架则可以使其简化。这里边具有代表性的框架除了 TensorFlow 之外，就是 Keras 和 PyTorch 了。

⊙ 深度学习框架和计算图表

　　下图是框架的概览和其2018年的评分。真正的框架，是基于计算图表来建立网络的。所谓计算图表，是如下图所示，利用运算处理作为顶点（节点），用分支（边缘）作为计算传导方式的图表。这个计算图表表示的是 $f=(a+b)(b+c)$，计算得出 $a=-1$，$b=3$，$c=4$ 的结果。使用框架的话，就可以简单地实现这样的计算图表了。计算图表的建立大体可以分为两种方法，第一种是 Define-and-Run，这种方法先建立计算图表，然后再进行计算。另一种方法 Define-by-Run 是在计算进行的同时建立图表，可以在计算的过程中对计算图表进行微调，如果想要根据数据的值对计算处理进行变更的话是非常方便的。

■ 框架概览和其 2018 年的评分

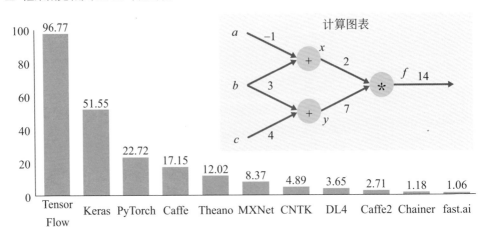

◎ TensorFlow

在众多深度学习库中，Google 开发的 TensorFlow 具有压倒性的人气。由于用户数量庞大，所以无论是官方还是非官方网站上都能轻而易举地找到使用教程和报错处理方法的相关文章。只要输入错误信息就能轻松找到解决方法，使用非常简单。

TensorFlow 是一个名为 TensorBoard 的可视化软件的附属框架，除了可以表示计算图表之外，还能将学习的进度进行可视化。而且，其内部有一种 TensorFlow Serving 结构还可以将 TensorFlow 学习过的模型在服务器上发布和管理。

TensorFlow 的缺点就是框架的级别太低，导致代码过于复杂。此外 TensorFlow 还采用的是 Define-and-Run 方法，很难对计算进行中途微调也是这种框架的不利因素。初学者的话，最好不要选择 TensorFlow，而是选择 TensorFlow 的 "包装版本" ——Keras（参考第 211 页）。请注意，TensorFlow2.0 预计也会以 Define-by-Run 方法为主，方法方面的缺点也就不复存在了。

■ TensorBoard

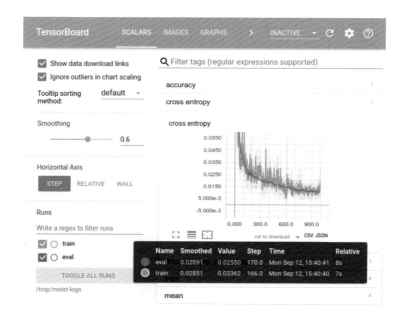

◎ PyTorch

PyTorch是Facebook开发的、与TensorFlow并称绝代双骄的框架。PyTorch默认使用Define-by-Run，可以动态生成计算图表，进行灵活计算。PyTorch还有一些优点，那就是可以直接按照书写的代码进行计算，不需要消耗很大精力去记住代码的书写方法，可以使用pdb之类的Debug工具直观地进行Debug等。顺便一提，按照编程难易度来对框架排序的话，是TensorFlow＞PyTorch＞Keras这样的顺序。因此，PyTorch适合不满足于Keras但是又不想和晦涩难懂的TensorFlow代码缠斗的读者。

PyTorch的运行不限定专用可视化软件，想要进行可视化操作的话，既可以使用Facebook发布的支持PyTorch和Numpy的Visdom，也可以使用TensorBoard的PyTorch专用版本TensorBoardX这种第三方工具。

PyTorch的缺点就是历史不悠久，其没有TensorFlow那么庞大的市场份额，在网上搜索不到很多相关文章，报错的解决方法也不是很齐全。而近几年来随着PyTorch的市场占有率增加，这些问题正在逐渐得以解决。

■ 使用PyTorch和TensorFlow计算1+1/2+1/4+…（=2）

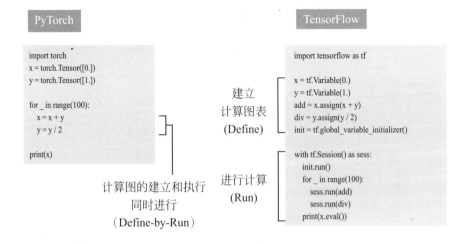

● Keras

前文中介绍过的TensorFlow虽然已经贵为业界标杆，但是过于复杂的代码表达还是让初学者望而却步，为此出现了Keras。Keras可以用非常简单的代码组合模型进行学习，但是这个学习本身还是TensorFlow。可以理解为Keras并没有取代TensorFlow，使用者表面上使用的是Keras，实质上运行的还是TensorFlow。因为是将TensorFlow "包装起来运行"，Keras也被称为TensorFlow的包装版本，因为Keras负责的是前端部分，所以是一个高等级API。此外，Keras不仅可以包装TensorFlow，还能包装Theano和CNTK框架运行。

Keras对应的框架种类繁多，建立基本的网络仅需几行代码（TensorFlow可能需要几十行）。Keras的缺点就是相对于单纯的TensorFlow来说，建立模型的灵活性不足，这也许就是简化代码表达所付出的代价吧。读者们只要掌握了深度学习的技巧，就算是熟练掌握Keras了，接下来开始学习如何单纯使用TensorFlow来建立模型，这样的先后顺序是比较稳妥的。

■ Keras

TensorFlow

```
import tensorflow as tf
x = tf.placeholder(tf.float32, shape=[None, 784])
y_ = tf.placeholder(tf.float32, shape=[None,10])
W = tf.Variable(tf.zeros([784, 10]))
b = tf.Variable(tf.zeros([10]))

def weight_variable(shape):
    initial = tf.truncated_normal(shape, stddev=0.1)
    return tf.Variable(initial)

def bias_variable(shape):
    initial = tf.constant(0.1, shape=shape)
    return tf.Variable(initial)

def conv2d(x, W):
    return tf.nn.conv2d(x, W, strides=[1,1,1,1], padding='SAME')

W_conv1 = weight_variable([3,3,1,32])
b_conv1 = bias_variable([32])
x_image = tf.reshape(x, [-1, 28, 28, 1])
h_conv1 = tf.nn.relu(conv2d(x_image, W_conv1) + b_conv1)
```

Keras

```
import keras
from keras.models import Sequential
from keras.layers import Dense, Dropout, Activation, Flatten
from keras.layers import Conv2D, MaxPooling2D
model = Sequential()
model.add(Conv2D(32, (3, 3), padding='same',
            input_shape=X_train.shape[1:]))
model.add(Activation('relu'))
model.add(Conv2D(32, (3, 3)))
model.add(Activation('relu'))
model.add(MaxPooling2D(pool_size=(2, 2)))
model.add(Dropout(0.25))
```

8

系统开发和开发环境

⊙ 通用格式和其他框架

● ONNX（Open Neural Network Exchange）

Microsoft和Facebook公司发布的一种可以不受框架影响表现学习模型的格式。使用ONNX格式就可以在TensorFlow上跨越框架使用PyTorch。此外，因为是可以使用Caffe、Caffe2 Python、C++、MATLAB进行操作的框架，所以虽然在图像识别领域的CNN上比较有优势，但却并不适合在RNN和语言模型的学习上使用。Facebook很重视和PyTorch的合作，比如将其发展为Caffe2。

● Theano

这是用作深度学习目的的最古老的Python框架。这个框架是由蒙特利尔大学从2007年开始开发的，2017年就终止更新了,所以目前用的人已经不多了。

● MXNet

Amazon推荐在Amazon Web Service（AWS）上使用的框架。支持多种语言，包括Python、C++、R语言、MATLAB、Perl等。这个框架的特点是并行处理速度比其他框架更快（缩放）。

● CNTK（microsoft cognitive toolkit）

Microsoft开发的一种框架，可以在Skype、Xbox、Cortana上使用。可以配合Microsoft的云服务一起使用，在可变长度输入方面表现很好，在Windows上也很好用。

● Sonnet

TensorFlow的又一个包装产品。和Keras一样，将TensorFlow繁琐的代码化繁为简。主要在Google子公司DeepMind的研究开发中使用。

● DL4J（DeepLearning4J）

为Java和Scala而生的深度学习框架。在大规模系统中，擅长利用Hadoop

和Apache Spark进行分布式处理。因为Java在机器学习的世界里属于次要语言，故这个模型中机器学习的库并不是很多。又因为Java是编写安卓应用的语言，所以如果要在安卓应用中融入学习模型的话用这个模型可能会比较方便。

● Chainer

Chainer是由做AI起家的Preferred Networks公司开发的。因为PyTorch是以Chainer为蓝本创造的，所以Chainer的操作和PyTorch具有相似性。Define-by-Run的思想也和PyTorch是一样的。

■ Chainer 的代码案例（以多层感知器为例）

```
import chainer
import chainer.functions as F
import chainer.links as L

class MLP(chainer.Chain):

    def __init__(self, n_units, n_out):
        super(MLP, self).__init__()
        with self.init_scope():
            self.l1 = L.Linear(None, n_units)
            self.l2 = L.Linear(None, n_units)
            self.l3 = L.Linear(None, n_out)

    def forward(self, x):
        h1 = F.relu(self.l1(x))
        h2 = F.relu(self.l2(h1))
        return self.l3(h2)
```

● fast.ai

PyTorch的包装产品。和TensorFlow与Keras的关系比较像，运行PyTorch的代码相对比较简单。

总结

▣ TensorFlow、Keras、PyTorch是具有代表性的框架。

50 GPU 编程和快速化

想要进行机器学习，需要面对的问题就是运算时间。根据电脑配置和执行的计算任务的不同，运算时间可能持续数周之久。本节将介绍改善这个问题的 GPU（Graphics Processing Unit）等。

● CPU · GPU · TPU

计算机是由各种零部件组合而成，其中扮演大脑角色的是 CPU（central processing unit）。CPU 擅长将操作一项一项按顺序处理，但是不擅长并行处理。机器学习中并行处理非常多，所以经常会使用一个叫做 GPU（graphics processing unit）的部件。从第一个词 graphics 可以发现，GPU 本来是对游戏之类的图形进行表现的零件。GPU 一项一项处理的过程并不比 CPU 快多少，但是并行处理却能对 CPU 获得压倒性的优势。为了将大量数据一次性处理，GPU 自身搭载了大容量内存。随着机器学习迎来热潮，擅长并行处理的 GPU 也变得备受瞩目，现在近乎成为机器学习的必备硬件。而且最近甚至出现了一种叫做 TPU（tensor processing unit）的深度学习专用硬件。

使用 GPU 的时候，与一般情况不同，基本不需要进行编写程序。使用机器学习框架的时候，想要调用 GPU 进行运算的话加上一行代码就可以了。不过要是想要让 GPU 发挥更加高的性能的话，还是需要再花费一点时间的。

高性能 GPU 的价格十分高昂，如果想再增加内存的话那价格就要超过 100 万日元了。因此，我们还是讨论下在线使用的虚拟环境吧，虽然使用有限制时间，但是最起码还有免费的部分能让我们使用。比较有名的是 Google Colaboratory 和 Kaggle 的 Kernel 功能。顺便一提，这些虚拟环境中使用的 NVIDIA Tesla K80，可是 NVIDIA 的高端 GPU，能够免费使用是很有吸引力

的。此外，机器学习中使用的库和框架安装后，不需要自己进行环境搭建，这
对初学者来说是一个非常有利的条件。

■ CPU、GPU、TPU 的规格比较

	核心数	时钟频率	内存	价格	最大计算速度
CPU	4	4.2 GHz	无	约 5 万日元	5400 亿次 / 秒
GPU	3584	1.6 GHz	11 GB	约 15 日元	13.4 兆次 / 秒
TPU	5120 CUDA, 640 Tensor	1.5 GHz	12GB	约 30 日元	112 兆次 / 秒

CPU: Intel Core i7-7700k，GPU:NVIDIA RTX 2080 Ti，TPU:NVIDIA TITAN V
此外，严格来讲，NVIDIA TITAN V 并不是TPU。

■ CPU 和 GPU 的计算速度比较

模型	CPU/GPU	计算时间 /ms
VGG-16 （图像识别模型）	Xeon E5-2630 v3/GeForce GTX 1080Ti	128.14
	Xeon E5-2630 v3/–	8495.48

上边是CPU+GPU，下边是仅仅一个CPU，使用的CPU是一样的。

■ Google Colaboratory 和 Kaggle 的 Kernel 功能

环境	使用限制时间	GPU	内存
Google Colabtory	12 小时	NVIDIA Tesla K80	13GB
Kaggle Kernel	9 小时	NVIDIA Tesla K80	16GB

 总结

▷机器学习倾向于可以使用GPU的环境。

51 机器学习服务

为了能够实际使用机器学习，需要花费大成本收集很多学习数据。这时候，如果使用机器学习服务的话，就可以马上得到高精度结果。本节将介绍各种各样的机器学习服务。

● 机器学习服务是什么

前文中我们已经了解到，机器学习的模型选择和超参数调整都需要一定程度的知识储备。此外高精度的机器学习预测结果，几乎都需要有大量优质数据的支撑。而且，模型和处理的数据量很大需要进行大量运算的时候，运算资源就显得格外重要了。这时候能减少工作量和降低成本的，就是企业提供的机器学习服务了。机器学习服务，是用户可以使用企业拥有的训练完成的机器学习模型。而且机器学习服务不仅只有这种类型，还有仅仅为用户提供学习数据，训练和推断都由用户个人完成的类型。我们主要介绍第一种类型。

一般来说，机器学习程序的编程需要经历从数据收集到性能验证的多个流程（参考第12节）。其中最耗费工作量和成本的就是在追求性能的情况下进行的"学习数据收集"和"模型收集"。使用机器学习服务的话，用户就能把这两个问题交给服务来解决，自己只需要编写程序就可以了。推断的程序基本由下页图中的4个部分构成，使用机器学习服务的时候是在"根据模型进行推测"这个部分使用各大企业提供的API，调用服务。调用的服务从用户的程序中提取推断数据，再将结果通过API返还给用户。

■ 降低用户成本的机器学习服务

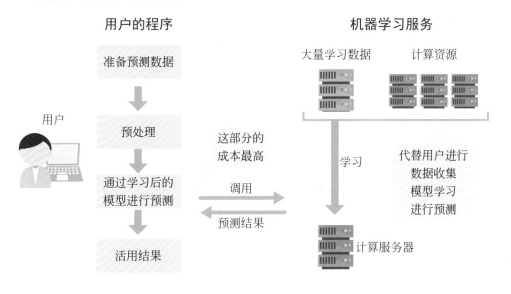

用户的程序　　　　　　　　　　机器学习服务

准备预测数据

预处理

这部分的
成本最高

通过学习后的
模型进行预测

调用

预测结果

活用结果

用户

大量学习数据　　　计算资源

学习

代替用户进行
数据收集
模型学习
进行预测

计算服务器

◉ 主要的机器学习服务

　　最后要来介绍下机器学习服务的实际案例。有代表性的是Google、Amazon、Microsoft、IBM的机器学习服务。这些企业拥有大量的数据和丰富的计算资源，所以他们的模型不仅阵容丰富，还可以说是性能强大。相比起来日本企业则专注于提供日本之外企业相对较弱的日语相关API。下表中介绍的是日本企业Yahoo!和goo的服务和其他国家企业的服务，这些服务从性能到费用体系都有所不同，希望大家认真考虑后使用。

■ 日本企业提供的服务

Yahoo!	goo
日语词素分析	词素分析 API
平假名汉字变换	固有表达提取 API
汉字注音	平假名化 API
辅助校对	关键词提取 API
日语相关分析	时间信息标准化 API
关键字提取	文本对相似度 API
自然语言理解等	插槽值提取 API 等

■ 其他国家企业提供的服务

	Google（Google Cloud AI）	Amazon（Amazon Web Services）	Microsoft（Azure Cloud Cognitive Service）	IBM （IBM Watson）
图像类	Cloud Video Intelligence API （视频分析） Cloud Vision API （图像分析）	Amazon Rekognition （图像、视频分析）	Computer Vision （图像分析） Face （人脸分析） Video Indexer （视频分析） Content Moderator （内容过滤）	Visual Recognition （图像识别）
声音类	Cloud Speech-to-Text （语音识别） Cloud Text-to-Speech （语音合成）	Amazon Transcribe （语音识别） Amazon Polly （语音合成） Amazon Lex（对话）	Speech to Text （语音识别） Text to Speech （语音合成） Speaker Recognition （演讲者识别） Speech Translation （翻译）	Speech to Text （语音识别） Text to Speech （语音合成）
语言类	Cloud Natural Language API （文字分析） Cloud Translation API（翻译）	Amazon Textract （文字提取）	Text Analytics （文字分析） Translator Text （翻译） Q&A Maker （Q&A 提取） Content Moderator （内容过滤） Language Understanding （语言理解）	Natural Language Understanding （文字分析） Language Translator （翻译） Natural Language Classifier （文字分类） Personality Insights （性格分析） Tone Analyzer （感情分析）

总结

▷ 很多时候使用企业提供的机器学习服务可以提高效率。

结束语

当今这个机器学习快速普及的时代被称作"第三次人工智能浪潮",有很多论调都预测了这个浪潮的结束。笔者也认为这次浪潮终将走向结束,只不过并不是终结于"无法实际利用",而是广泛渗透到社会当中,"已经成为生活的一部分而不再那么引人注意"。

过去计算机和数据通信"IT"出现的时候,只供一部分专家使用。而现在它们早已渗透到社会中的每一个角落,成为和水、电、气并列的"基础设施"。当然,机器学习成为这样的存在尚需时日。而通过本书对于机器学习基础的介绍我们可以看出,机器学习是具有很高的基础设施潜力的。

在以IT为基础的当今时代,能够活用IT会对个人和企业的业绩造成重大影响。而当机器学习成为社会中的基础的时候,如何活用它就会成为重中之重了。而你是否是一名AI工程师,与你精通机器学习与否并没有关系。正确掌握机器学习特性,最大限度活用工具,能让你成为这个时代的弄潮儿。

此外掌握机器学习并不仅仅是掌握工具,想要理解其本质,还是需要学习线性代数这类基础学科。机器学习是一个不断发展的领域,为了了解最尖端的研究,你需要阅读专业的文档,但是全世界每天都有新算法发布,这可能给你带来不同于学习基础的困难,但相信更多的是快乐。

衷心希望本书能够给生活在未来机器学习时代中的读者以帮助。

山口达辉

参考文献

・『人工知能は人間を超えるか』松尾豊（著）KADOKAWA（2015）

・『人工知能とは』松尾 豊（著、編集）、中島 秀之（著）、西田 豊明（著）、溝口 理一郎（著）、長尾 真（著）、堀 浩一（著）、浅田 稔（著）、松原 仁（著）、武田 英明（著）、池上 高志（著）、山口 高平（著）、山川 宏（著）、栗原 聡（著）、人工知能学会（監修）（2016）

・『イラストで学ぶ 人工知能概論』谷口忠大（著）講談社（2014）

・『いちばんやさしい人工知能ビジネスの教本 AI・機械学習の事業化（「いちばんやさしい教本」二木康晴（著）、塩野 誠（著）インプレス（2017）

・『人工知能：AIの基礎から知的探索へ』趙強福（著）、樋口龍雄（著）共立出版（2017）

・『あたらしい人工知能の教科書 / サービス開発に必要な基礎知識』多田智史（著）翔泳社（2016）

・『人工知能の哲学』松田雄馬（著）東海大学出版会（2017）本位田真一ほか

・『IT Text 人工知能（改訂2版）』松本 一教（著）、宮原 哲浩（著）、永井 保夫（著）、市瀬 龍太郎（著）　オーム社（2016）

・『Large Scale Visual Recognition Challenge 2012』（http://image-net.org/challenges/LSVRC/2012/ilsvrc2012.pdf）

・『Building High-level Features Using Large Scale Unsupervised Learning』（https://arxiv.org/pdf/1112.6209.pdf）

・『ビッグデータと人工知能-可能性と罠を見極める』西垣 通（著）　中公新書（2016）

・『芝麻信用』（http://www.xin.xin/#/detail/1-0-0）

・『MLPシリーズ画像認識』原田 達也（著）　講談社（2017）

・『ゼロから作るDeep Learningゼロから作るDeep Lerning』斎藤 康毅（著）オライリーJapan（2016）

・『知識のサラダボウル（ロジスティック回帰分析）』（https://omedstu.jimdo.com/2018/09/16/%E3%83%AD%E3%82%B8%E3%82%B9%E3%83%86%E3%82%A3%E3%83%83%E3%82%AF%E5%9B%9E%E5%B8%B0%E5%88%86%E6%9E%90/）

・「統計学入門」東京大学出版会 東京大学教養学部統計学教室（編）（1991）

・『Iris Data Set』（https://archive.ics.uci.edu/ml/datasets/iris）

・『Hands-On Machine Learning with Scikit-Learn and TensorFlow』Aurelien Geron（著）O'Reilly Media（2017）

・『Python機械学習プログラミング』Sebastian Raschka,（著）Vahid Mirjalili（著）

・『アサインナビ データサイエンティストのお仕事とは？　第9回決定木編』（https://assign-navi.jp/magazine/consultant/c41.html）

・『開発者ブログ　第10回 決定木とランダムフォレストで競馬予測』（https://alphaimpact.jp/2017/03/30/decision-tree/）

・『環境と品質のためのデータサイエンス　特徴量エンジニアリング』（http://data-science.tokyo/ed/edj1-5-3.html）

・『WEB ARCH LABO MNIST データの仕様を理解しよう』（https://weblabo.oscasierra.net/python/ai-mnist-data-detail.html）

・『scikit-learn Dataset loading utilities』（https://scikit-learn.org/stable/datasets/index.html#toy-datasets）

・『Pcon-AI　機械学習って？』（https://pconbt.jp/mllanding/）

・『クラスタリングとレコメンデーション資料』堅田 洋資（https://www.slideshare.net/ssuserb5817c/ss-70472536）

・「てっく煮ブログ クラスタリングの定番アルゴリズム「K-means法」をビジュアライズしてみた」（http://tech.nitoyon.com/ja/blog/2009/04/09/kmeans-visualise/）

・「engadget Watch AlphaGo vs. Lee Sedol（update: AlphaGo won）」（https://www.engadget.com/2016/03/12/watch-alphago-vs-lee-sedol-round-3-live-right-now/?guccounter=1&guce_referrer=aHR0cDovL2Jsb2cuYnJhaW5zwYWQuY28uanAvZW50cnkvMjAxNy8wMi8yNC8xMDA/1MDA&guce_referrer_sig=AQAAADMUSPSO3nlwpWnXrTa6NoN7BWck4_cnL4w-OFL-L9ahMyFHMZVgiz6R-HVcHlla4FCteCPLYeXaoQ7VDTK3R4n3phVg5Ztg7Pt_unVFCrtuK9Sl-_EkLhsl3s_Ne8NfaGP54IduAhpQ_go7ohrQQKsG2yB0_yJDBPTzroPk_gO8）

・『Sideswipe 強化学習』（http://kazoo04.hatenablog.com/entry/agi-ac-14）

・『東芝デジタルソリューションズ株式会社 ディープラーニング技術：深層強化学習』（https://www.toshiba-sol.co.jp/tech/sat/case/1804_1.htm）

・『Gym classic control』（https://gym.openai.com/envs/#classic_control）

・『六本木で働くデータサイエンティストのブログ「統計学と機械学習の違い」はどう論じたら良いのか』
　（https://tjo.hatenablog.com/entry/2015/09/17/190000）
・『年齢別　都市階級別　設置者別　身長・体重の平均値及び標準偏差』
　（https://www.e-stat.go.jp/stat-search/file-download?statInfId=000031685238&fileKind=0）
・『結局、機械学習と統計学は何が違うのか？』西田 勘一郎（https://qiita.com/KanNishida/items/8ab8553b17cb57e772d）
・『人工知能の歴史』（https://www.ai-gakkai.or.jp/whatsai/AIhistory.html）
・『自動運転LAB.【最新版】自動運転車の実現はいつから？ 世界・日本の主要メーカーの展望に迫る』
　（https://jidounten-lab.com/y_1314）
・『IEEE SPECTRUM Pittsburgh's AI Traffic Signals Will Make Driving Less Boring』（https://spectrum.ieee.org/cars-that-think/
　robotics/artificial-intelligence/pittsburgh-smart-traffic-signals-will-make-driving-less-boring）
・『人工知能とビッグデータの金融業への活用』
　（https://www.nomuraholdings.com/jp/services/zaikai/journal/pdf/p_201701_02.pdf）
・『デジタルイノベーション　金融分野におけるAI活用』
　（https://www.nri.com/-/media/Corporate/jp/Files/PDF/knowledge/publication/kinyu_itf/2018/08/itf_201808_7.pdf）
・『PR TIMES　「Scibids」（AI（機械学習）を用いたアルゴリズムによるDSP広告自動運用最適化ソリューション）の日本
　パートナー企業としてアドフレックスがサービス提供開始』（https://prtimes.jp/main/html/rd/p/000000029.000016900.
　html）
・『ITソリューション塾　【図解】コレ１枚で分かるルールベースと機械学習』
　（https://blogs.itmedia.co.jp/itsolutionjuku/2016/10/post_308.html）
・『仕事で始める機械学習』有賀 康顕（著）、中山 心太（著）、西林 孝（著）オライリージャパン（2018）
・『keywalker Webスクレイピングとは』（https://www.keywalker.co.jp/web-crawler/web-scraping.html）
・『WebAPIについての説明』@busyoumono99（https://qiita.com/busyoumono99/items/9b5ffd35dd521bafce47）
・『Pythonによるスクレイピング＆機械学習 開発テクニック』クジラ飛行机（著）ソシム（2016）
・『Pythonによるクローラー＆スクレイピング入門 設計・開発から収集データの解析まで』加藤 勝也（著）、横山 裕季（著）
　翔泳社（2017）
・『Instruction of chemoinformatics　精度評価指標と回帰モデルの評価』
　（https://funatsu-lab.github.io/open-course-ware/basic-theory/accuracy-index/）
・『統計WEB 決定係数と重相関係数』（https://bellcurve.jp/statistics/course/9706.html）
・『算数から高度な数学まで、網羅的に解説したサイト　いろいろな誤差の意味（RMSE、MAEなど）』
　（https://mathwords.net/rmsemae）
・『ベイズ的最適化（Bayesian Optimization）の入門とその応用』issei_sato
　（https://www.slideshare.net/issei_sato/bayesian-optimization）
・『能動学習セミナー』大岩秀和（https://www.slideshare.net/pfi/20120105-pfi）
・『DataCamp Active Learning: Curious AI Algorithms』
　（https://www.datacamp.com/community/tutorials/active-learning）
・『An Introduction to Probabilistic Programming』（https://arxiv.org/pdf/1809.10756.pdf）
・『PYMC3 Lets look at what the classifier has learned』
　（https://docs.pymc.io/notebooks/bayesian_neural_network_advi.html）
・『徹底研究! 情報処理試験　相関係数, 正の相関, 負の相関』（http://mt-net.vis.ne.jp/ADFE_mail/0208.html）
・「東洋経済Plus 経済学で進むフィールド実験」伊藤 公一朗（https://premium.toyokeizai.net/articles/-/16901）
・『データ分析の力　因果関係に迫る思考法』伊藤公一朗（著）岩波データサイエンス Vol．3（2017）
・『hidden technical debt in machine learning systems』
　（https://papers.nips.cc/paper/5656-hidden-technical-debt-in-machine-learning-systems.pdf）
・『hidden technical debt in machine learning systems』
　（https://storage.googleapis.com/pub-tools-public-publication-data/pdf/43146.pdf）
・『Deep Sequence Modeling MIT 6.S191』
　（http://introtodeeplearning.com/materials/2019_6S191_L2.pdf）
・『MIT Deep Learning Basics: Introduction and Overview』Lex Fridman
　（https://www.youtube.com/watch?v=O5xeyoRL95U&list=PLrAXtmErZgOeiKm4sgNOknGvNjby9efdf）

- 『Deep Learning Basics』（https://www.dropbox.com/s/c0g3sc1shi63x3q/deep_1 earning_basics.pdf?dl=0）
- 『OpenAI A non-exhaustive, but useful taxonomy of algorithms in modern RL.』
（https://spinningup.openai.com/en/latest/spinningup/rl_intro2.html）
- 『Introduction to Deep Reinforcement Learning』（https://www.dropbox.com/s/wekmlv45omd266o/deep_rl_intro.pdf?dl=0）
- 『Actor-Critic Algorithms』（http://rail.eecs.berkeley.edu/deeprlcourse/static/slides/lec-6.pdf）
- 『MIT 6.S091: Introduction to Deep Reinforcement Learning（Deep RL）』Lex Fridman
（https://www.youtube.com/watch?v=zR11FLZ-O9M&list=PLrAXtmErZgOeiKm4sgNOknGvNjby9efdf）
- 『MIT 6.S191: Deep Reinforcement Learning』Alexander Amini
（https://www.youtube.com/watch?v=i6Mi2_QM3rA&list=PLtBw6njQRU-rwp5__7C0oIVt26ZgjG9NI）
- 『introduction to autoencoders.』（https://www.jeremyjordan.me/autoencoders/）
- 『ResearchGate Fig 1- uploaded by Xifeng Guo』
（https://blog.sicara.com/keras-tutorial-content-based-image-retrieval-convolutional-denoising-autoencoder-dc91450cc511）
- 『機械学習スタートアップシリーズ これならわかる深層学習入門』瀧雅人（著）講談社サイエンティフィク（2017）
- 『Towards Data Science Generative Adversarial Networks（GANs）— A Beginner's Guide』
（https://towardsdatascience.com/generative-adversarial-networks-gans-a-beginners-guide-5b38eceece24）
- 『UNSUPERVISED REPRESENTATION LEARNING WITH DEEP CONVOLUTIONAL GENERATIVE ADVERSARIAL NETWORKS』（https://arxiv.org/pdf/1511.06434.pdf）
- 「物体検出の歴史まとめ」@mshinoda88（https://qiita.com/mshinoda88/items/9770ee671ea27f2c81a9）
- 『Object detection: speed and accuracy comparison（Faster R-CNN, R-FCN, SSD, FPN, RetinaNet and YOLOv3）』Jonathan Hui
（https://medium.com/@jonathan_hui/object-detection-speed-and-accuracy-comparison-faster-r-cnn-r-fcn-ssd-and-yolo-5425656ae359）
- 『DeepClusterでお前をクラスタリングしてやれなかった』べすちん
（http://pesuchin.hatenablog.com/entry/2018/12/18/092150）
- 『Cornell University Deep Clustering for Unsupervised Learning of Visual Features』
（https://arxiv.org/abs/1807.05520）
- 『RankRed 8 Best Artificial Intelligence Programming Language in 2019』
（https://www.rankred.com/best-artificial-intelligence-programming-language/）
- 『TIOBE Index for July 2019　July Headline: Perl is one of the victims of Python's hype』（https://www.tiobe.com/tiobe-index/）
- 『scikit-learn Choosing the right estimator』（https://scikit-learn.org/stable/tutorial/machine_learning_map/index.html）
- 『Deep Learning Frameworks 2019』Siral Raval（https://www.youtube.com/watch?v=SJldOOs4vB8）
- 『Towards Data Science And here's the pretty chart again showing the final power scores.』（https://towardsdatascience.com/deep-learning-framework-power-scores-2018-23607ddf297a）
- 『Medium Breaking down Neural Networks: An intuitive approach to Backpropagation　Computational graph for the example f=（a+b）（b+c）with a = -1, b = 3 and c = 4.』（https://medium.com/spidernitt/breaking-down-neural-networks-an-intuitive-approach-to-backpropagation-3b2ff958794c）
- 『TensorFlow TensorBoard: Visualizing Learning』（https://www.tensorflow.org/guide/summaries_and_tensorboard）
- 『TensorFlow 2.0 Changes』Aurélien Géron（https://www.youtube.com/watch?v=WTNH0tcscqo）
- 『TensorFlow TensorFlowを使ってみる』（https://www.tensorflow.org/get_started/mnist/pros）
- 『Deep MNIST for Experts Build a Multilayer Convolutional Network』
（https://web.archive.org/web/20171119014758/https://www.tensorflow.org/get_started/mnist/pros）
- 『GitHub keras/examples/mnist_cnn.py』（https://github.com/keras-team/keras/blob/master/examples/mnist_cnn.py）
- 「Microsoft Azure ONNX と Azure Machine Learning:ML モデルの作成と能率化」
（https://docs.microsoft.com/ja-jp/azure/machine-learning/service/concept-onnx）
- 『GitHub chainer/examples/mnist/train_mnist.py』（https://github.com/chainer/chainer/blob/master/examples/mnist/train_mnist.py）
- 「CUDA高速GPUプログラミング入門」岡田賢治（著）秀和システム（2010）
- 『Yahoo!デベロッパーネットワーク　Yahoo! JAPANが提供するテキスト解析WebAPI』
（https://developer.yahoo.co.jp/webapi/jlp/）

- 『gooラボ　API』（https://labs.goo.ne.jp/api/）
- 『docomo Developer support API』（https://dev.smt.docomo.ne.jp/?p=docs.api.index）
- 『リクルート TalkAPI DEMO』（https://a3rt.recruit-tech.co.jp/）
- 『Google Cloud AI と機械学習のプロダクト』（https://cloud.google.com/products/ai/）
- 『aws AIサービス』（https://aws.amazon.com/jp/machine-learning/ai-services/）
- 『Microsoft Azure Cognitive Services』（https://azure.microsoft.com/ja-jp/services/cognitive-services/）
- 『IBM Watoson 今すぐ使える Watson API ／ サービス一覧』
  （https://www.ibm.com/watson/jp-ja/developercloud/services-catalog.html）
- 『scikit-learn 1.1. Generalized Linear Models』（https://scikit-learn.org/stable/modules/linear_model.html）
- 『Analytics Vidhya This can be verified by looking at the plots generated for 6 models/ This would generate the following plot』
  （https://www.analyticsvidhya.com/blog/2016/01/complete-tutorial-ridge-lasso-regression-python/）
- 『Rで学ぶロバスト推定』@sfchaos（https://www.slideshare.net/sfchaos/r-7773031）
- 『Robotics - 4.3.3 - RANSAC - Random Sample Consensus I』Bob Trenwith
  （https://www.youtube.com/watch?v=BpOKB3OzQBQ）
- 『Support Vector Machines for Classification These instances are called the support vectors. The distance between the edges of
  "the street" is called margin./ It is quite sensitive to outliers.』（https://mubaris.com/posts/svm/）
- 『ResearchGate Predicting Top-of-Atmosphere Thermal Radiance Using MERRA-2 Atmospheric Data with Deep Learning』
  （https://www.researchgate.net/publication/320916953_Predicting_Top-of-Atmosphere_Thermal_Radiance_Using_MERRA-2_
  Atmospheric_Data_with_Deep_Learning/figures?lo=1Figure 5）
- 『コンサルでデータサイエンティスト　One class SVM による外れ値検知についてまとめた』hktech
  （http://hktech.hatenablog.com/entry/2018/10/11/235312）
- 『scikit-learn The advantages of support vector machines are:』
  （https://scikit-learn.org/stable/modules/svm.html#svm-classification）
- 『scikit-learn Classification』（https://scikit-learn.org/stable/modules/svm.html#svm-classification）
- 『情報意味論（4）決定木と過学習　Reduced-Error Pruning』櫻井彰人
  （http://www.sakurai.comp.ae.keio.ac.jp/classes/infosem-class/2004/04DTandOverFitting.pdf）
- 『Quora What is the interpretation and intuitive explanation of Gini impurity in decision trees?』
  （https://www.quora.com/What-is-the-interpretation-and-intuitive-explanation-of-Gini-impurity-in-decision-trees）
- 『アンサンブル学習（Ensemble learning）とバスケット分析（basket analysis）』@nirperm
  （https://qiita.com/nirperm/items/318d7e210c059373f8d2）
- 『Medium Figure 3 Bagging』（https://medium.com/better-programming/how-to-develop-a-robust-algorithm-c38e08f32201）
- 『Medium Understanding AdaBoost』（https://towardsdatascience.com/understanding-adaboost-2f94f22d5bfe）
- 『Medium Random Forest Simple Explanation』
  （https://medium.com/@williamkoehrsen/random-forest-simple-explanation-377895a60d2d）
- 『Medium So if we train a Random Forest Classifier on these predictions of LR,SVM,KNN we get better results.』
  （https://medium.com/@gurucharan_33981/stacking-a-super-learning-technique-dbed06b1156d）
- 『Wikimedia Commons　File:Neuron Hand-tuned.svg』
  （https://commons.wikimedia.org/wiki/File:Neuron_Hand-tuned.svg）
- 『Restricted Boltzmann Machine（RBM）, Deep Belief Network（Hinton, 2006）』
  （http://www.vision.is.tohoku.ac.jp/files/9313/6601/7876/CVIM_tutorial_deep_learning.pdf）
- 『FAST AND ACCURATE DEEP NETWORK LEARNING BY EXPONENTIAL LINEAR UNITS（ELUS）　Figure 1』
  （https://arxiv.org/pdf/1511.07289.pdf）
- 「TesorFlow」（https://playground.tensorflow.org/）
- 『Google Cloud 機械学習のワークフロー』
  （https://cloud.google.com/ml-engine/docs/tensorflow/ml-solutions-overview?hl=ja）